时光印痕

相遇二十四节气

王美莉 / 著

中国出版集团　现代出版社

图书在版编目（CIP）数据

时光印痕：相遇二十四节气 / 王美莉著. -- 北京：现代出版社，2023.11
ISBN 978-7-5231-0565-8

Ⅰ．①时… Ⅱ．①王… Ⅲ．①二十四节气－儿童读物 Ⅳ．①P462-49

中国国家版本馆CIP数据核字(2023)第192953号

著　　者	王美莉
责任编辑	姚冬霞

出 版 人	乔先彪
出版发行	现代出版社
地　　址	北京市安定门外安华里504号
邮政编码	100011
电　　话	(010) 64267325
传　　真	(010) 64245264
网　　址	www.1980xd.com
印　　刷	北京政采印刷服务有限公司
开　　本	710mm×1000mm　1/16
印　　张	17.25
字　　数	177千字
版　　次	2023年11月第1版　2023年11月第1次印刷
书　　号	ISBN 978-7-5231-0565-8
定　　价	68.00元

版权所有，翻印必究；未经许可，不得转载

序 言

在自然节律里传承中国智慧

中共中央办公厅、国务院办公厅印发的《关于实施中华优秀传统文化传承发展工程的意见》中指出，要围绕立德树人根本任务，遵循学生认知规律和教育教学规律，按照一体化、分学段、有序推进的原则，把中华优秀传统文化全方位融入思想道德教育、文化知识教育、艺术体育教育、社会实践教育各环节，贯穿于启蒙教育、基础教育、职业教育、高等教育、继续教育各领域。

临沂市河东区九曲街道中心幼儿园依托中华民族的珍贵气象科技文化遗产"二十四节气"，与幼儿的生活经验相结合，深挖本地乡土资源，精心孕育了具有浓郁特色的园本课程。幼儿园通过开展形式多样的活动，让幼儿在积极探索自然、参与传统民俗文化活动、体验节气变化的过程中，加深对传统文化和习俗的认识，充分感受其文化底蕴，促进幼儿认知、情感、知识、技能等方面的发展。

"二十四节气"是中国珍贵的遗产，被联合国教科文组织列入"人类非物质文化遗产"，被誉为"中国的第五大发明"，蕴含着丰富的教育资源，是幼儿教育的珍贵素材。呈现于大家眼前的《时光印痕——相遇二十四节气》，凝聚着九曲街道中心幼儿园全体教师的心血与智慧。细心阅读，我们会被书中自然、童趣、缤纷的节气活动深深打动：小满时，幼儿用无花果壳、绿豆、黄豆、花生、麦粒等创作色彩斑斓的"豆子画"；立夏时，幼儿在浓浓的树荫下描画小池、荷叶、蜻蜓；白露时，幼儿到院子里收集叶片上的露水；霜降时，幼儿给柿子削皮，晒制柿饼，用轻黏土、落叶创作"柿柿如意"和"霜降"的表征画。幼儿在游戏化的生活中亲身体验、动手操作，在自然中发现，在艺术中体悟，也在味觉中品味生活的美好。这也正好印证了王美莉园长的教育理念——"给孩子一个美丽的起点，让他们成为独特的自己"。

一个奋发有为的团队，必定有一位善于引领的带头人。王美莉园长是山东省特级教师，第四届齐鲁名师。她秉持"生活即教育，自然即课堂"的教育初心，以幼儿为中心，以问题为导向，以四时为素材，开展"时节之美""诗情绘意"等主题系列活动，让幼儿在认识、感知二十四节气传统文化的基础上，养成热爱生活、懂得感恩、积极劳动的优秀品质。

对儿童来说，那些离他们生活很远的知识即使披上生动活泼的外衣，也很难让他们获得真正意义上的发展。而生活化的课程不仅能够引发他们强烈的学习与探索的欲望，更能唤醒他们原有的内在经验。

二十四节气园本特色课程，既是文化教育，又是生活教育。相信《时光印痕——相遇二十四节气》的出版，定能成为广大师生学习中华优秀传统文化的有力助手，开启基础教育的美好未来。

杜长娥
于2023年5月26日

时间里的智慧

——

　　二十四节气被誉为"中国的第五大发明"，是上古农耕文明的产物，更是历史的沉淀。节气是世界上最有诗意的历法，它像一封封时光信笺，悄然告诉我们，世事变迁，万象更新。每一个节气，都隐藏着大自然的奥秘，只要你善于发现，生活处处是节气。

　　四年的研究和实践，节气与幼儿温柔相遇，在"时节之美""茶话二十四节气""诗情绘意"系列主题活动中，形成了独具特色的二十四节气传统文化园本课程。

　　幼儿观察大自然的四季交替、感受生命的变化，在时节交替中播种、耕耘、收获，感知节气的自然本真，体验平凡日子里的纯真和质朴，分享丰收之喜，感谢自然馈赠。

　　当节气遇到茶，幼儿开启了奇妙的探索之旅，发现不同的时节对应着不同的茶：春有茉莉、龙井漫夏、秋桂乌龙、红茶润冬。幼儿体验着品茶的乐趣，感受着中国传统文化的博大精深。

　　当节气遇上诗歌，幼儿在诗中赏尽春花秋月、夏雨冬雪，当他们铺开宣纸的那一刻，诗便不再是远方，而是幼儿的日常美好。

　　我们与幼儿一起，循着节气的步伐，走进天地日月之间，感受自然节律变化与万物的生生不息。在心中播种一颗美好生活的种子，期盼着每一个朴素却又熠熠生辉的日子。

　　生活不仅是春夏秋冬流年往复，更是随着时间感知自然的无数个细微时刻。

　　慢下来，感受生活，感受身边的爱与美好。

王美莉

写于2023年6月1日

目 录

立春·春到人间草木知……………………2

雨水·春风化雨　润物无声……………13

惊蛰·惊蛰到　万物复苏生……………23

春分·春分雨　脚落声微………………33

清明·杏花微雨忆清明…………………45

谷雨·雨生百谷　春生万物……………55

立夏·一晴方觉夏来……………………68

小满·万物向阳　小得盈满……………78

芒种·风吹麦成浪　蝉鸣夏始忙………89

夏至·映日荷花别样红…………………100

小暑·温风至　初伏来…………………111

大暑·蝉声朗朗　暑气洽浓……………122

1

时光印痕
相遇二十四节气

立秋·暮云收夏色　万物悦秋声……………134

处暑·离离暑云散　袅袅凉风起……………145

白露·凉风至　白露生……………………155

秋分·暑退秋澄　金气秋分………………167

寒露·人间最美清秋天……………………179

霜降·柿儿红　霜降浓……………………189

立冬·浓秋未散　悄然立冬………………202

小雪·小雪悠悠落…………………………213

大雪·大雪已至　冬意渐浓………………225

冬至·冬至寒意浓…………………………236

小寒·风吟寒雪舞天………………………246

大寒·已是大寒　春风可期………………257

致　谢………………………………………268

春

草长莺飞　春风十里

立春

春到人间草木知

传说故事

打春牛

相传，周朝非常重视农业的发展，要求地方官员每年在立春当天举行隆重的迎春仪式。在仪式上，人们举鞭狠打纸糊的牛，直到里面装着的五谷流出来，这象征着打去春牛的懒惰，打出一年的五谷丰登。

后来有个清廉的大官犯了错，被贬去其他地方做官。上任那天，正是立春之日，他看到郊外举行的迎春仪式，觉得很可笑，写了半首诗："不得职田饥欲死，儿侬何事打春牛？"上任以后，他关心百姓农事，常常走到田间和老农谈桑论麻。上任的第一个春天，他听闻立春时节阳气上升，便在立春这天守在田间竹筒旁，等绒鸡毛轻轻漂浮起来，就要飘出竹筒时，迎天抽了个响鞭，只听"啪"的一声，牛走了，犁动了，他犁了一遍又一遍，直到太阳落山时才回去。

他回家后诗兴大发，写下了后半首诗："岁首常思盘中餐，脆鞭一响打出春。"

从此以后，立春也叫作"打春"，至今各地还流传着立春打春牛的习俗。

时光印痕

相逢二十四节气

立春是二十四节气中的第一个节气，又名正月节、立春节、岁首等。

在古代，人们发现，每当北斗星的斗柄指向寅位的初春时分，气候就会逐渐温暖，所以就定这个时节为立春。

现行的"定气法"以太阳到达黄经315°时为立春，定为每年2月3日至5日中的一天。

◎ 三候

一候东风解冻：东风送暖，大地解冻，万物苏醒。

二候蛰虫始振：立春五天后，冬眠的虫类开始苏醒。

三候鱼陟负冰：立春后再过五天，河冰开始融化，鱼儿开始到水面上游动，没有完全融化的碎冰块浮在水面，就像被鱼儿背着在游动。

春
chun

◎ 习俗

迎春：在立春前一天进行，人们在春暖花开的日子喜欢外出游春，迎接春天。

咬春：立春这天，一项重要习俗就是"咬春"。我国大部分地区流行吃春盘、春盒、萝卜等。北方吃的食品是春饼，而南方则流行吃春卷。

打春：盛行于唐、宋两代，用鞭抽打泥土做的"春牛"，寓意送寒气、促春耕，祈祷新年大丰收。

◎ 活动一：美味春卷

【活动领域】

健康

【活动目标】

1. 了解立春做春卷的习俗，学习制作春卷的方法，锻炼幼儿的动手操作能力。

2. 体验制作春卷的乐趣。

【活动过程】

1. 认识绿色蔬菜：菠菜、韭菜、莴苣、香椿等。

2. 为幼儿准备春卷皮、韭菜、鸡蛋等食材，教幼儿清洗韭菜，并引导其将切好的韭菜和鸡蛋放在一起搅拌、调味。

3. 幼儿学习制作春卷：拿起一张春卷皮，把肉馅放在中间压平，把春卷皮从外往里裹，两边收口，然后放入已倒好油的锅中大火炸定型。

4. 品尝自己动手制作的美食。

【延伸与分享】

1. 画一画制作春卷的过程。

2. 和家人一起动手制作春卷，享受美好亲子时光。

◎ 活动二：蛋壳花盆

【活动领域】

艺术

【活动目标】

1. 感知春天来临对植物生长的影响。

2. 幼儿体验绘画鸡蛋的乐趣，并在蛋壳内播种植物、感受劳动的快乐。

【活动过程】

1. 准备鸡蛋壳、画笔、种子、泥土、铲子等材料。

2. 幼儿用画笔在鸡蛋壳上画出自己喜欢的图案。

3. 把画好的鸡蛋壳当花盆，将种子种入盆中，幼儿定期去观察记录它的生长变化。

春
chun

【延伸与分享】

1. 和小朋友们分享动手创作的乐趣，互相交流并欣赏对方的作品。

2. 将幼儿的作品放在活动室内，让幼儿感受亲手参与制作蛋壳花盆的乐趣。

◎ 活动三：贴"春"字迎春天

【活动领域】

艺术

【活动目标】

1. 通过剪"春"，引导幼儿自主表现春天美丽的事物。

2. 激发幼儿大胆想象，自由剪出不同变化的"春"字。

【活动过程】

1. 让幼儿了解立春时节的特点和习俗，一起欣赏不同方式的剪窗花视频以及适合幼儿学习的剪纸作品。

2. 准备剪刀、红纸、胶带等工具。

3. 幼儿将图案画在红纸上，然后用剪刀沿着线条耐心地一点点剪下来。

4. 将剪好的"春"字贴在窗户上，感受浓浓的春节氛围。

【延伸与分享】

1. 和小朋友们分享自己的新年故事，感受浓浓的春节氛围。

2. 画一画自己的新年故事。

3. 利用轻黏土、雪花片、雪糕棍等制作"春"字。

诗情绘意

◎ 诗词推荐

咏 柳

〔唐〕贺知章

碧玉妆成一树高，万条垂下绿丝绦。

不知细叶谁裁出，二月春风似剪刀。

推荐理由：冬天过后，春天悄悄来临。早春二月，微风轻拂，柳芽初发，春风给大地披上了绿装。在这个时节，教师带领幼儿走进大自然，可以体验诗人笔下的春风和煦，观察碧绿的柳条，感受初春这生机勃勃的景象。

春
chun

◎ **绘本推荐**

《雪夜的怪声》

推荐理由：经过严寒的冬天，我们迎来了春天。听，滴答滴答滴答，是什么声音？又怎样理解风如何变暖、草如何变绿呢？通过一次奇妙的雪夜之旅，和幼儿一起聆听春天"破壳而出"的声音。

◎ **活动示列**

【活动领域】

艺术、语言

【活动目标】

1. 欣赏、诵读古诗《咏柳》，感受古诗的韵律美。

2. 阅读绘本《雪夜的怪声》，理解故事内容。

3. 感受万物生长的春天。

【活动过程】

1. 通过古诗新唱、绘画、表演等方式了解古诗，感知初春的生机勃勃。

2. 愿意跟随音乐律动，边唱边跳。

3. 通过阅读绘本故事《雪夜的怪声》，感受春天来临时的奇妙变化。

【延伸与分享】

1. 鼓励幼儿将古诗内容以绘画的形式表现出来。

2. 带领幼儿走进大自然，感受初春的万物生长。

时光印痕
相遇二十四节气

立春时节，幼儿在教师的带领下走进大自然，寻找春天。多元化的感知触发了幼儿绘画的意识，他们拿起画笔。万物萌动，柳树在春风的吹拂下像美丽的丝带，风一吹，飘动的柳枝就像在空中跳舞，幼儿生动的画作把春意盎然的景象描绘得淋漓尽致。幼儿畅游在诗画王国里，好奇心被温暖的春风唤醒！

◎ 立春·茶品推荐——桂圆山楂茉莉花茶

茉莉花茶是用茶叶和茉莉花共同制作而成，茶香清新淡雅，味道甘甜。常常胸闷、肚子胀气、压力大、有焦虑情绪的人可以喝一些茉莉花茶，有助于缓解症状。

春
chun

◎ 茶语时光·体验——茉莉花茶

【活动领域】

社会、语言、健康

【活动目标】

1. 认识茉莉花茶、了解泡茶的基本步骤。

2. 体验泡茶、品茶的快乐，感受中国的传统茶文化。

【活动过程】

1. 教师提前准备好茉莉花茶、85℃~90℃的水、茶壶、茶杯、取茶工具。

2. 烫杯。冲泡前，教师先将玻璃杯、玻璃壶放入茶洗中，加入清水烧至沸腾，对玻璃茶具进行消毒，清洗完毕取出玻璃杯时宜佩戴手套，避免烫伤。

3. 洗茶。老师与幼儿可共同操作，用茶匙取3~5g茉莉花茶投入茶壶，注入准备好的适宜温度的水冲泡，同时用茶匙快速搅拌，3秒后把茶汤倒掉，这样做是将茉莉花茶中所含的杂质清洗干净。

4. 泡茶。幼儿分工，继续往茶壶中注入2/3的水，2~3分钟后，待茉莉花茶叶彻底舒展开，散发出浓郁茶香，便可饮用。

【延伸与分享】

幼儿与教师共同开展围炉煮茶活动，在初春时节感受围炉的温暖，体验品茶的闲情逸致。

◎ 客来敬茶·茶礼仪——茶荷取茶法

茶荷是一种盛茶的工具，喝茶时，可直接将茶叶罐中的茶叶倒入茶荷之中，茶荷中间凹陷、两边翘起的结构使茶叶不容易洒落出来。

倒入茶荷的茶叶，我们可以细细观赏其颜色、品质，还可以闻一闻味道。茶荷的两端没有封闭，可以很容易地将茶叶倒入茶壶之中，方便实用。

春风化雨　润物无声

雨水

传说故事

雨师赤松子的故事

很久之前发生过严重的旱灾，就连先民的首领炎帝都束手无策。赤松子闻讯，施展自己的布雨之术，解救了天下苍生。炎帝非常高兴，封赤松子为雨师。

后来炎帝与黄帝发生战争，炎帝战败，他的老部下蚩尤不服，带兵反抗黄帝，赤松子带着自己的旧友飞廉也加入战争。涿鹿之战时，飞廉呼风、赤松子唤雨，二人配合展开的法术引来狂风骤雨，一时间竟无人能敌，黄帝的军队落荒而逃。后来，黄帝的军队为了应对飞廉、赤松子二人的法术，自制了一种可以指明方向的司南车，在司南车的助力下，黄帝的军队最终战胜了炎帝部队，而赤松子也被黄帝的军队抓了起来。

黄帝想到之前赤松子对苍生做出的贡献，不仅没惩罚他，还重新封他为雨师，赤松子感激黄帝的宽宏大量，从此兢兢业业布雨，在他的努力下，世间又恢复了风和日丽的景象。

春
chun

雨水是二十四节气中的第二个节气,也是春季六个节气中的第二个。

俗话说"春雨贵如油",雨水是一个多雨的节气,降雨量级多以小雨或毛毛细雨为主。

现行的"定气法"以太阳到达黄经330°时为雨水。到了现代,人们则将雨水定为每年的公历2月18日至20日中的一天。

◎ **三候**

一候水獭祭鱼:雨水节气,冰雪融化,水獭开始捕鱼,并将鱼摆在岸边如同先祭后食。

二候鸿雁归来:雨水节气后再过五天,大雁开始从南方飞回北方。

三候草木萌动:再过五天,草木开始在"润物细无声"的春雨中抽出嫩芽。

◎ 习俗

拉保保:"保保"是四川方言,意为保佑孩子长大。父母在雨水节气这天,带着儿女找命好的人做干爹、干妈。

接寿:雨水时节,出嫁的女儿和女婿回娘家送礼,送的礼品通常是一丈二尺长的红棉带,意为感谢父母养育之恩;岳父母也会回赠女婿雨伞,寓意一帆风顺、幸福美满。

占稻色:通过爆炒糯米谷花来查看"成色",推测当年谷物能否丰收。

◎ 活动一:彩色雨伞

【活动领域】

艺术

【活动目标】

1. 通过《雨伞》折纸步骤图,让幼儿掌握折叠对角线和向外折叠的技能。

2. 锻炼幼儿手部精细动作,培养其耐心和认真的态度。

春
chun

【活动过程】

1. 幼儿观察伞的构造,并和小朋友讨论伞的用途。

2. 准备彩色折纸、双面胶或胶棒、刀等工具。

3. 幼儿学习折叠的技能,将叠好的彩色折纸组合成雨伞。

4. 与同伴一起分享,体验动手的快乐。

【延伸与分享】

1. 幼儿分享动手创作的乐趣,共同探讨制作雨伞的过程中所遇到的困难以及解决方法。

2. 展示自己的作品,互相欣赏对方的作品,并交流讨论。

3. 将活动中的材料放在美工区,给幼儿提供折、搓、剪、贴等操作的机会。

◎ 活动二:播种大蒜

【活动领域】

社会

【活动目标】

1. 通过种植大蒜让幼儿体验劳动的乐趣。

2. 观察大蒜的发芽、生长等过程,并做好观察记录。

【活动过程】

1. 幼儿了解春天万物生长的特点,感受种子蓬勃的生命力。

2. 幼儿将蒜瓣均匀地种在花盆中,并施肥浇水。

3. 定期观察大蒜的生长过程并记录下来。

4. 体验播种的快乐。

【延伸与分享】

1. 和大蒜说悄悄话，让它们快快长大。

2. 定时观察，做好观察记录，和小朋友们分享大蒜的成长变化。

诗情绘意

◎ 诗词推荐

初春小雨

〔唐〕韩愈

天街小雨润如酥，草色遥看近却无。

最是一年春好处，绝胜烟柳满皇都。

推荐理由：这是一首关于雨水节气的古诗。春天万物生长之时，雨在悄悄降落，滋润万物，给大地带来生机。在雨天带领孩子走出户外，听听雨落在树叶上、窗户上、屋檐上等发出的不同的声音，探索雨的奥秘。

春
chun

◎ 绘本推荐

《七彩下雨天》

推荐理由： 雨是什么颜色呢？雨有形状吗？在下雨天，小主人公开始了一段美丽、神奇、梦幻的七彩旅程。让我们一起走进这个奇妙的故事，去探索雨的奥秘、发现世界的美好吧！

◎ 活动示例

【活动领域】

科学、艺术、语言

【活动目标】

1. 欣赏、诵读古诗《初春小雨》，感受古诗的韵律美。
2. 阅读绘本《七彩下雨天》，理解故事内容。
3. 感受雨后万物的生机勃勃。

【活动过程】

1. 幼儿有感情地朗诵古诗《初春小雨》，探索雨水时节大自然的奥秘，感知春雨给大地带来的变化。
2. 引导幼儿跟随音乐律动，加上自己喜欢的动作，进行古诗新唱。
3. 阅读绘本故事《七彩下雨天》，让幼儿在绘本世界里探索雨的奥秘，发现世界的美好。

【延伸与分享】

1. 鼓励幼儿将古诗内容以绘画的形式表现出来。
2. 雨后带领幼儿走进大自然，观察雨后的万物。

时光印痕
相遇二十四节气

雨天，带领幼儿到户外感受春雨、观察雨后的万物。诗与感官的洗礼调动幼儿拿起画笔的欲望。在幼儿的画笔下，初春小雨，万物萌动，一片绿意。愿孩子们在阳光雨露的滋润下茁壮成长。

◎ 雨水·茶品推荐——玫瑰花茶

玫瑰花茶香气宜人，闻之能使人平心静气。时至雨水节气，听着雨声，沏一杯玫瑰花茶，淡淡的玫瑰花香与这初春气息格外搭配。

春
chun

◎ 茶语时光·体验——干花花环

【活动领域】

艺术、语言、社会

【活动目标】

1. 敢于大胆创作，体验制作干花花环的乐趣。

2. 在制作花环的过程中，提高幼儿的动手制作能力和审美能力。

【活动过程】

1. 准备好热熔枪、藤条圆环、小剪刀、树叶、蕾丝。让幼儿挑选晾晒过的精美干花。

2. 教师将热熔枪插电预热，幼儿用小剪刀对干花稍做修剪。

3. 幼儿用热熔枪轻轻点涂在干花上，再慢慢将其固定在藤条圆环合适的地方。

4. 干花固定好后，幼儿利用树叶、蕾丝对制作的花环进行装饰。

【延伸与分享】

1. 幼儿佩戴制作好的花环，相互展示欣赏，说一说自己的创意和想法。

2. 将幼儿的作品摆放到活动室内，让幼儿感受参与美化活动室的乐趣并收获成就感。

◎ 客来敬茶·茶礼仪——茶则取茶法

茶则是一种取茶工具，多由竹子制作而成。使用茶则时，茶罐稍微倾斜，将茶则伸入茶罐之中轻轻挖取，即可将茶叶取出。取茶时需要控制分量，过多过少都不合适，茶则就可以很好地保证这一点。

茶则一头是开放的，用茶则取出适量的茶叶后就可以直接倒入茶壶或者茶杯之中了，简单实用。

惊蛰到　万物复苏生

惊蛰

传说故事

吃梨的故事

闻名海内的晋商渠家，其先祖渠济是上党长子县人，明代洪武初年，渠济用上党的特产梨换取祁县的粗布，赚钱贴补家用。渠济靠着诚信，生意越做越红火，渐渐存下了不少积蓄。

到了清朝雍正年间，渠家的后代渠百川定在惊蛰这天外出创业。出门之前，他的父亲拿出一个梨子让他吃，说："我们的先祖赚下这份家业，靠的就是诚信二字，你要牢牢记住，做生意要讲究诚信。"渠百川将父亲的话牢记心间，靠着诚信把自己的生意经营得红红火火。后来有很多做生意的人都会在惊蛰这天吃梨，祈愿自己生意兴隆。

春
chun

惊蛰又称作"启蛰",是二十四节气中的第三个节气。

仲春时分,暖和的天气,充足的雨水,引发春雷阵阵,惊醒仍蛰伏于地下的昆虫。

现行的"定气法"以太阳到达黄经345°时为惊蛰。到了现代,人们则将惊蛰定为每年公历的3月5日或6日中的一天。

◎ 三候

一候桃始华:惊蛰之日乃闹春之始。柳叶泛出嫩芽,满园桃树开红花。

二候仓庚鸣:仓庚(黄鹂)最早感受到春阳之气,会在开满鲜花的树枝间啼叫。

三候鹰化为鸠:惊蛰五天后,天空中已经看不到雄鹰的踪迹,只能听见布谷鸟在丛林中声声鸣叫。

时光印痕
相遇二十四节气

◎ 习俗

祭白虎：这是惊蛰的特色活动，指祭拜时使用纸绘制好的白老虎。

吃梨：惊蛰时节乍暖还寒，气候有些干燥，人们吃梨化解上火，也寓意"离家创业，努力荣祖"。

吃烙饼：惊蛰时节农民会用粮食烙饼，祈祷粮食丰收。

◎ 活动一：纸艺昆虫

【活动领域】

艺术

【活动目标】

1. 能使用剪刀沿线剪，学习对折的技能。

2. 了解有关昆虫的知识。

【活动过程】

1. 幼儿通过视频了解不同昆虫的外形特征及习性。

2. 准备彩色折纸、剪刀、双面胶或胶棒等材料。

3. 幼儿自由讨论，探索用不同材料制作昆虫的方法。

4. 在卡纸上画好自己喜欢的昆虫形状，沿着线条剪下昆虫身体的各部分，再用胶棒粘贴在一起。

5. 与同伴一起欣赏并讨论交流自己的作品，进行相关自主活动。

【延伸与分享】

1. 给自己亲手做的昆虫手工拍照，和小朋友们讲一讲自己知道的有关昆虫的有趣故事。

2. 可以将自己的作品送给爸爸妈妈，选择周末的时间一起到野外观察昆虫。

◎ 活动二：寻找春天

【活动领域】

社会

【活动目标】

1. 走进大自然，细心观察、找寻春天美丽的景色。

2. 感知春天的美好，能表达自己对春天的喜爱之情。

【活动过程】

1. 幼儿准备放大镜、镊子等工具。

2. 观察春天到来时，户外的花鸟虫鱼及菜园里蔬菜的生长变化。

3. 回到活动室选择自己喜欢的方式，用画笔、橡皮泥等材料将春天的景色记录下来。

4. 感受春天的美好，萌发喜爱春天的情感。

时光印痕
相遇二十四节气

【延伸与分享】

1. 和小朋友分享春天到来的变化。

2. 通过绘本、视频的方式了解春天植物生长的秘密。

诗情绘意

◎ 诗词推荐

惊　蛰

左河水

一声霹雳醒蛇虫，几阵潇潇染绿红。

九九江南风送暖，融融翠野启春耕。

推荐理由：这是一首关于惊蛰节气的古诗。春雷惊醒了正在冬眠的蛇虫，潇潇春雨也把花儿染得万紫千红。春风给江南大地送来

春
chun

融融暖意，碧绿的原野上农家已开始春耕。一起跟随古诗，感受春意盎然。

◎ **绘本推荐**

《在我脚下土壤中的生命》

推荐理由：探索的旅程从三月启航，万物复苏，各种小生命每天都在发生变化，让我们一起去发现隐藏在土壤中的蚯蚓、鼠妇、跳虫和其他小动物的精彩生活吧。

◎ **活动示例**

【活动领域】

科学、艺术、语言

【活动目标】

1. 欣赏、诵读古诗《惊蛰》，感受古诗韵律美。

2. 阅读绘本《在我脚下土壤中的生命》，理解故事内容，感知惊蛰节气各种小生命的变化。

【活动过程】

1. 幼儿用好听的声音朗诵古诗。

2. 通过视频、绘画、多感官实际感知惊蛰时节气温回暖后草木的变化，萌发热爱大自然的美好情感。

3. 愿意跟随音乐律动，进行古诗新唱。

4. 通过阅读绘本《在我脚下土壤中的生命》，感知惊蛰节气各种昆虫的变化，了解各种小生命的精彩生活。

【延伸与分享】

1. 鼓励幼儿将古诗内容以绘画的形式表现出来。

2. 雨天带幼儿聆听雨滴奏出美妙的音乐。

大地回暖，婆婆细雨，带幼儿听春雨浇灌大地的声音，不同的声音组成一场有趣的音乐会。幼儿通过手中的画笔，展开了无尽的想象。天空下起了小雨，沙沙沙，沙沙沙。小草、小树开心地唱着歌，啦啦啦，啦啦啦。昆虫跃跃欲动，唱起美妙的旋律。花草树木在春风的吹拂下醒来，在春雨的滋润下生长。

◎ 惊蛰·茶品推荐——银耳雪梨羹

雪梨的香甜加上银耳的软糯，熬制成粥，既能体验"惊蛰吃梨"的习俗，也能起到滋阴润肺、养胃生津的作用。

春
chun

◎ 茶语时光·体验——银耳雪梨羹

【活动领域】

社会、语言、艺术

【活动目的】

1. 了解饮食银耳雪梨羹的益处，体验制作银耳雪梨羹的乐趣。

2. 品尝美味，互相分享，感受分享的快乐。

【活动过程】

1. 教师提前准备好银耳、雪梨、红枣、枸杞、冰糖。

2. 幼儿将银耳用水浸泡30分钟，把泡发好的银耳择洗干净，撕成小片，再将雪梨、红枣、枸杞清洗干净备用。

3. 幼儿将洗净的雪梨切成小块后，把银耳、切好的雪梨、红枣、枸杞、冰糖放入汤锅中，教师向汤锅中加入适量的水开始煮制。

4. 大火煮沸后再转小火慢炖20分钟即可享用。

【延伸分享】

教师将汤盛出，并让幼儿品尝，幼儿品尝美味，观察梨子的外貌，体验制作银耳雪梨羹的乐趣，感受惊蛰节气的到来，融融春光万物长。

◎ 客来敬茶·茶礼仪——茶巾折合法

茶巾在桌上虽然看起来很不起眼，但其作用非常大。折叠茶巾可从一头开始折叠，也可从两头向中间折叠，最后呈现的形状可以是长方形也可以是正方形。茶巾的清洁很重要，干净的茶巾会带来一种更舒适的感觉。

春分雨 脚落声微

春分

传说故事

羲仲宾日

四千多年前，人们还不懂什么是农时，播种、收获都没有规律，庄稼常常不能丰收。尧帝想到了聪明的羲仲，请他去探索太阳升降的规律。羲仲从平阳向东出发，一直走到了文登旸谷山，听说这里是太阳升起的地方，容易观测。

之后，羲仲住在了旸谷，每天早早起床站在山坡上迎接太阳升起，观察每天的天象变化，同时记录下不同时节、不同天象对周围环境的影响。经过大量的研究后，他发现当白天和晚上的时长相等，北斗星的斗柄指向东方时，就会气温回升，冰冻的土层完全融化，土地湿润，是播种各类农作物的大好时节，便把这一天称"春分"。

后来，人们为了纪念羲仲，便把羲仲的做法称为"羲仲宾日"。

春
chun

春分又被称为"仲春之月",是二十四节气中的第四个节气。

春分刚好处于春季的正中日期里,而且在春分这天,白天和黑夜刚好平分,各为十二小时,所以春分又被称为"日中""日夜分"。

现行的"定气法"以太阳到达黄经0°时为春分,也就是天上北斗七星旋转运行的一周之始。现代,人们则将春分定为每年公历的3月20日或21日中的一天。

◎ 三候

一候玄鸟至:春分时节,燕子从南方飞回北方,开始新一年的生活。

二候雷乃发声:这一时节天气转暖,春雷滚滚,雨水开始增多。

三候始电：由于雨量多，时常还会伴有雷声和闪电，人们可以看见从云间凌空劈下的闪电。

◎ 习俗

竖蛋："春分到，蛋儿俏"，春分这天人们会进行"竖蛋"小实验。

粘雀子嘴：这一天人们在吃汤圆时，会把不包心的汤圆煮好，用细竹叉插在田埂上，避免雀子破坏庄稼，故称"粘雀子嘴"。

放风筝：春分时节最适合放风筝，大家一起欢快地奔跑，比着谁的风筝放得更高更远。

◎ 活动一：绘彩蛋

【活动领域】

艺术

【活动目标】

1. 大胆发挥自己的想象，尝试用不同方式装饰自己的鸡蛋。

2. 探索让蛋竖起来的方法，并主动与他人分享自己的发现。

春
chun

【活动过程】

1. 准备鸡蛋、画笔、黏土、彩色贴纸等材料。

2. 用画笔在鸡蛋上画出自己喜欢的图案，再用黏土、贴纸进行装饰。

3. 通过想象对彩蛋进行大胆的创作。

4. 和朋友们一起交流分享自己制作的彩蛋。

【延伸与分享】

1. 和小朋友们一起通过调查了解春分竖蛋的原理，并谈一谈自己的发现。

2. 利用自己制作的彩蛋与同伴进行"竖蛋大比拼"小游戏。

◎ 活动二：黏土迎春花

【活动领域】

艺术、社会

【活动目标】

1. 知道迎春花的特征，对迎春花有一定的了解。

2. 体会制作迎春花的乐趣，感受春天到来的美好。

【活动过程】

1. 幼儿走进大自然，观察千姿百态的迎春花，感知春天的美好。

2. 为幼儿准备画笔、画纸、超轻黏土等材料。

3. 幼儿用画笔在纸上画出枝干的形状，再用黏土在枝干上按压出花瓣。

4. 利用不同材料在纸上自由创作出喜欢的情景，使画面更加丰富。

【延伸与分享】

1. 将制作的迎春花挂在活动室进行装饰。

2. 和同伴分享自己制作的迎春花，讲一讲自己知道的有关迎春花的故事。

◎ 活动三：制作纸鸢

【活动领域】

健康、艺术

春
chun

【活动目标】

1. 了解并用不同材料制作纸鸢，体验操作的乐趣并与同伴交流有关纸鸢的知识。

2. 感受传统文化的魅力，培养幼儿热爱大自然的情怀。

【活动过程】

1. 教师准备彩色手工纸、马克笔、碳化积木、雪糕棒等材料。

2. 用画笔设计出自己想要制作的风筝，根据自己设计的图纸自主选择材料进行创作。

3. 能灵活运用各种材料制作风筝，与小伙伴共同探讨创作的方法，能够主动解决问题并乐在其中。

4. 向小朋友介绍自己制作的风筝，分享制作过程。

【延伸与分享】

1. 了解风筝的由来，教师与幼儿一起探索并了解风筝飞在空中的原理。

2. 和爸爸、妈妈体验放风筝的乐趣，感受春天气息。

时光印痕
相遇二十四节气

诗情绘意

◎ 诗词推荐

绝 句

〔唐〕杜甫

迟日江山丽，春风花草香。

泥融飞燕子，沙暖睡鸳鸯。

推荐理由：这是一首关于春分节气的古诗。诗中抓住具有春天特征的景物，如春风、花草、燕子、鸳鸯……描绘了一幅欣欣向荣的初春景物图。一起走进古诗中，看燕子筑巢、鸳鸯睡觉，体验大自然的无限生机，激发幼儿对春天无限向往的情感。

◎ 绘本推荐

《当春天来临》

推荐理由：这个故事用优美的画面和诗意的文字，告诉幼儿春天是丰富多彩的。春天来临，万物复苏，我们在幼儿园做春天的游戏，画春天的花，唱春天的歌，吟春天的诗。让我们跟随绘本故事《当春天来临》一起去感受春天的气息吧！

春
chun

◎ 活动示例

【活动领域】

艺术、语言

【活动目标】

1. 欣赏、朗诵古诗《绝句》，体会古诗的韵律美。

2. 阅读绘本《当春天来临》，感受故事情节，体验春天的美好。

3. 感受春分时节的无限风光。

【活动过程】

1. 幼儿用真挚的情感朗诵古诗《绝句》，感受古诗蕴含的意境美。

2. 愿意跟随古诗的节奏，配合音乐，进行古诗新唱。

3. 阅读绘本《当春天来临》，感受春天扑面而来的温暖气息。

【延伸与分享】

1. 鼓励幼儿将古诗内容以绘画的形式表现出来。

2. 带领幼儿走进春天，感受大自然的神奇。

春分时节，阳光美好，迎着和煦的微风，幼儿开始了探索春天的旅行。空气中飘来花草的芬芳，幼儿对大自然充满好奇，他们拿起画笔描绘了春日美好的景色。拿起心爱的风筝，和小伙伴一起去踏春、划船、赏风景，他

们沐浴在阳光下，是那样悠然自在。

◎ 春分·茶品推荐——百花柠檬茶

　　花茶具有美容养颜、清新口气等对人身体有益的功效；柠檬中含有丰富的维生素C和柠檬酸，可以促进排泄。

　　天气变暖，欣赏花草时可以给自己泡一杯百花柠檬茶，嗅茶香、品茶韵。

◎ 茶语时光·体验——百花柠檬茶

【活动领域】

　　社会、语言、健康

春 chun

【活动目的】

1. 了解春分时节饮百花柠檬茶的好处,初步感受时令茶的特点。

2. 品尝花茶,感受花茶的香味,激发幼儿对花茶的喜爱。

【活动过程】

1. 教师提前准备好菊花、玫瑰花、新鲜柠檬、蜂蜜、冰糖、开水。

2. 幼儿把柠檬洗净切片,然后将5g菊花、5g玫瑰花、切好的柠檬片、3~4块冰糖放入杯中。

3. 教师将适量开水注入杯中,幼儿对其进行搅拌,待水温凉至60℃后加入一小勺蜂蜜再次进行搅拌便可饮用。

4. 茶香弥漫,幼儿分杯品茶。

【延伸与分享】

幼儿分享泡茶的感受以及花茶的味道,鼓励幼儿说出自己的想法,探究还可以泡哪些花茶,充分感受花茶的独特馨香和春分节气的特点。

时光印痕
相遇二十四节气

◎ 客来敬茶·茶礼仪——端茶礼仪

中华民族是礼仪之邦,端茶礼仪自然很重要。给客人端茶时一定要双手给客人奉茶,以示尊敬。茶杯无茶耳时,要双手扶住茶杯的中上端,千万不要用手指捏着杯口的地方,让客人感觉不卫生;茶杯有茶耳时,可一手捏住茶耳,一手托住茶杯底端。

杏花微雨忆清明

清明

传说故事

清明饼

相传，有一年清明节，陈太平被清兵追捕时，在附近耕田的一位老农民上前帮忙，将陈太平装扮成农民的样子一起耕地，躲过了追捕。

躲过清兵的追捕后，农民想拿些食物给陈太平路上食用，但是什么食物容易携带，又不容易被发现呢？就在思考时，老农踩在了一丛艾草上，滑了一跤，爬起身时，发现手上、膝盖上都染上了绿莹莹的颜色。他顿时有了主意，回家后，他把艾草洗净、煮烂、挤汁，揉进糯米粉内，做成一个个绿色的米团，然后把米团放在马车的青草堆里，这样就不容易被发现了。陈太平吃了青团，觉得又香又糯。他安全返回大本营后，把这一好方法告诉了营里的兄弟们，吃青团的习俗从此流传开来，后来有些地方也把青团称为清明饼。

春
chun

清明又称踏青节、行清节、三月节、祭祖节等，是二十四节气中的第五个节气。

清明是二十四节气之一，也是传统节日，重大的传统祭祀活动都会在这时候举行。

现行的"定气法"以太阳到达黄经15°时为清明。到了现代，清明节气交节时间一般在每年公历的4月4日至6日之间变动，并不固定在某一天。

◎ 三候

一候桐始华：清明时节，白桐花开，清香宜人，惹人怜爱。

二候田鼠化为鹌：清明时节天气渐热，田鼠因为怕热躲到地下

47

洞穴。

三候虹始见：这一时节雨水较多，雨后天气晴朗，往往会出现美丽的彩虹。

◎ 习俗

扫墓：清明节这一天，人们在坟墓上添新土、摆贡品、焚纸钱，祭祀已故亲友以示思念。

踏青：清明时节春回大地，人们与家人、朋友野外踏青，一起感受春天的气息。

植树：清明时节雨水较多，植物喜欢阳光和水分，这时种植花草树木，比较容易成活。

◎ 活动一：我心中的清明

【活动领域】

艺术、社会

【活动目标】

1. 了解清明的习俗与由来。

2. 尝试通过不同的方式表达自己对清明的理解与想象。

【活动过程】

1. 带幼儿走进大自然，感受清明时节天气和自然环境的变化。

2. 为幼儿准备水粉颜料、画笔、超轻黏土、画纸、松塔等材料。

3. 用画笔、水粉颜料等在画纸、松塔上进行创作。

4. 幼儿拿起画笔，画出自己心中的清明。

5. 为松果涂上自己喜欢的颜色，感受清明的气息。

【延伸与分享】

1. 将制作的松果放在活动室内进行装饰。

2. 与同伴一起分享自己心中的清明。

◎ 活动二：水中的彩虹

【活动领域】

科学

【活动目标】

1. 初步感知彩虹在水中的现象，能够用语言表达自己的发现。

2. 通过对颜色配色的探索，培养幼儿的观察能力和动手操作能力。

【活动过程】

1. 教师为幼儿准备水彩笔、纸巾、水、杯子等材料。

2. 用水彩笔在纸巾上画出彩虹，将画好的纸巾放入装有水的纸杯中，观察彩虹的变化。

3. 初步感知两种颜色混合后发生的变化，积极关注生活中有色彩的物品。

4. 感受色彩所带来的惊喜，并与身边的幼儿分享。

【延伸与分享】

1. 和父母一起探索水中彩虹的原理，并能利用其原理探究更多的液体相溶情况。

2. 将发现的其他液体相溶情况带到幼儿园和同伴分享。

诗情绘意

◎ 诗词推荐

清 明

〔唐〕杜牧

清明时节雨纷纷，路上行人欲断魂。

借问酒家何处有？牧童遥指杏花村。

推荐理由：这是一首关于清明节气的古诗。诗中选用了雨纷纷、欲断魂、酒家、牧童、杏花村这几个非常典型的清明意象，描绘出一幅清明节最鲜明的画面，让我们一起观赏清明时节蒙蒙细雨的景象吧。

春
chun

◎ **绘本推荐**

《汤姆的外公去世了》

推荐理由："去世"是什么？对于小朋友们来说，理解起来确实有点难。从小汤姆身上，我们看到了一个孩子对"去世"的理解，对死去亲人的怀念。人的一生，会经历许许多多重要的时刻，让我们和孩子一起去探索"去世"的含义吧。

◎ **活动示例**

【活动领域】

艺术、语言

【活动目标】

1. 理解、朗诵古诗《清明》，感受古诗的语言美。

2. 阅读绘本《汤姆的外公去世了》，理解故事内容。

3. 感受清明时节细雨纷纷、柳绿花红的景象。

【活动过程】

1. 通过欣赏并朗诵古诗《清明》，感受"清明时节雨纷纷"的意境。

2. 阅读绘本《汤姆的外公去世了》，共同探索"去世"的含义。增进幼儿与亲人的感情，培育其尊敬长辈的良好品质。

3. 引领幼儿走进自然，感受清明时节的万物变化，培养其热爱大自然的美好情感。

时光印痕
相遇二十四节气

【延伸与分享】

1. 鼓励幼儿生动地表演古诗，感受诗人所要表达的心情。

2. 带领幼儿走进春天，感受春雨的赞歌。

清明时节，细雨纷纷，幼儿在教师的带领下走进春天。在幼儿富有想象力的创作中，我们看到了他们心中的柳绿花红。他们拿起画笔，在细雨中缅怀祖先，以示感恩；骑上牛背，为往来的客人指路买酒……幼儿畅游在美好的诗画王国中，感受着纷纷细雨洒在脸上。

◎ 清明·茶品推荐——绿茶

清明茶，一般以绿茶为主，此时新采摘的绿茶最为鲜嫩，色翠香幽，味醇形美，是茶中佳品。另外，绿茶还有润肠道、明目等功效，对身体大有益处。

春
chun

◎ 茶语时光·体验——制作、品尝青团

【活动领域】

社会、语言、艺术

【活动目的】

1. 了解清明节，知道它既是自然节气也是传统节日。

2. 体验制作美味的青团，品尝美味并相互分享。

【活动过程】

1. 教师提前准备好澄面、艾草、白糖、糯米粉、猪油、肉松馅、开水、破壁机。

2. 教师先用热水将艾草煮一下，放凉后让幼儿捞出挤干放入破壁机，加入清水将其打成艾草汁。

3. 教师指导幼儿将50g的澄面和成面团备用，再在500g的糯米粉里加40g的白糖、20g的猪油，倒入艾草汁和成另一个面团，最后，将这两个面团和在一起变成青面团。

4. 幼儿在教师的指导下将和好的青面团搓成长条，并将其分成每个45g左右的剂子，把剂子搓成小面团后团起窝并裹入肉松馅，揉搓成汤圆形状。

5. 将制作好的青团放入蒸锅蒸10分钟后放凉即可享用。

【延伸与分享】

品尝美味青团，分享自己的制作体验，说一说青团是什么颜色、什么味道的。了解传统风俗，充分感受春景的美好。

◎ 客来敬茶·茶礼仪——叩手礼

叩手礼是吃茶品茗的一个传统礼仪，是指对方给自己斟茶时，我们可以用食指和中指轻叩桌面，用来表达自己对对方的感谢。

雨生百谷 春生万物

谷雨

传说故事

天降谷子雨

谷雨，得名于一场从天而降的谷子雨。传说四千年前，仓颉被黄帝任命为左史官，他管理的事情日益增多，原本那套用贝壳和绳结的记事方法不够用了。为了解决这个问题，他外出做农田调查，回家闭关整理资料，用了整整四年时间，完成了浩大的造字工程。

黄帝非常感动，命令士兵打开粮仓降一场谷子雨，救下了正处于灾荒的百姓，以此作为仓颉造字的酬劳。从此，这一天就被叫作谷雨。仓颉死后，人们感念他的功劳，就把谷雨这天定为祭祀仓颉的日子。

春
chun

谷雨是二十四节气中的第六个节气，也是春季六个节气中的最后一个。

谷雨时节的雨水逐渐增多，气候逐渐变暖，此时正是种植各种谷物、瓜果蔬菜等农作物的最佳时期，因此，谷雨的雨水又有"春雨贵如油"的说法。

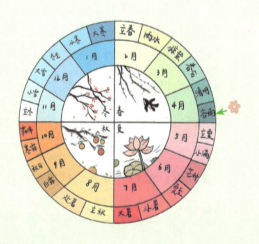

古代人们发现，每当北斗星的斗柄指向辰位的暮春时分，雨水就会增多，所以就定这个时节为谷雨。现行的"定气法"以太阳到达黄经30°时为谷雨。现代，谷雨于每年公历的4月19日至21日中的一天交节。

◎ 三候

一候萍始生：谷雨时节雨水较多，适合浮萍生长，所以水中的浮萍在这时连成片，就像绿色小岛。

时光印痕
相遇二十四节气

二候鸣鸠拂其羽：布谷鸟开始鸣叫，发出"布谷——布谷——"的叫声，像是提醒农民及时播种。

三候戴胜降于桑：戴胜鸟在谷雨时节会落在桑树上，恰逢桑叶茂盛，最适合养蚕。

◎ **习俗**

走谷雨：原本指村里的青年妇女在谷雨这一天相约出去走走，寓意与自然相融合，强身健体。

喝谷雨茶：人们会采一些新茶来喝，祈求有一个健康的身体，除邪气，让眼睛更明亮。

食香椿：这一时节香椿树繁茂，叶芽娇嫩，在这个时候吃香椿口感最好。

◎ **活动一：祭仓颉**

【活动领域】

艺术

【活动目标】

1. 感知象形字，能找出相对应的汉字。

2. 萌发对文字符号的兴趣，知道我们的生活离不开汉字。

【活动过程】

1. 引导幼儿了解汉字的演变过程，观察象形字并说说自己的理解。

2. 准备水彩笔、画纸等相关材料。

3. 幼儿挥动彩笔，临摹和感知古老的象形文字。

4. 用多种方式自主表现象形字。（一人或多人利用身体表现，或用积木拼搭等。）

【延伸与分享】

1. 谷雨是纪念仓颉的日子，了解仓颉造字的故事并知道祭仓颉的由来。

2. 利用象形文字为自己的伙伴写一封信。

◎ 活动二：雨的形成

【活动领域】

科学

【活动目标】

1. 启发幼儿发现雨的形成，并激发其积极探索自然现象的兴趣。

2. 培养幼儿大胆推测、操作及细致观察的能力。

【活动过程】

1. 幼儿通过绘本、视频等形式了解雨宝宝是如何形成的。

2. 为幼儿准备透明容器、冰水、开水等材料。

3. 实验操作：将开水倒入容器内，幼儿将冰水放在容器上方等待一会儿就可以观察到雨滴，感受雨的形成。

4. 用笔画出雨形成的步骤，并与同伴一起交流讨论。

【延伸与分享】

1. 调动多种感官，通过听、看、摸，让幼儿充分体验听雨、看雨、玩雨的乐趣。

2. 了解下雨前的征兆，如燕子低飞、蚂蚁搬家等。

◎ 活动三：花朵相框

【活动领域】

艺术、科学

【活动目标】

1. 能大胆地、创造性地用花瓣粘贴出各种形态的花。

2. 认识几何图形，能利用生活中的正方形、三角形、圆形等几何图形物品进行装饰画创作。

【活动过程】

1. 准备画笔、胶带、在春季开放的鲜花、剪刀、卡纸或纸板等材料。

2. 幼儿用画笔在纸板上画出自己喜欢的图形并用美工刀沿所画的线条剪下来，用胶带连接相框两侧即可将鲜花放在相框内进行装饰。

3. 用几何图形进行组合创作，感受不同几何图形的美感。

春 chun

4. 利用正方形或长方形和不同的三角形，改变生活中的花蕊、花瓣等，花心可当作相框，回家和爸妈一起贴上全家福，培养良好的亲子互动关系。

【延伸与分享】

1. 将幼儿制作的花朵相框悬挂起来，让幼儿感受制作时的成就感和自豪感。

2. 利用花朵制作花朵拓印画。

诗情绘意

◎ 诗词推荐

咏廿四气诗·谷雨春光晓

〔唐〕元稹

谷雨春光晓，山川黛色青。叶间鸣戴胜，泽水长浮萍。

暖屋生蚕蚁，喧风引麦葶。鸣鸠徒拂羽，信矣不堪听。

推荐理由：这是一首关于谷雨节气的古诗。诗中将春天的光景描绘得淋漓尽致，引起幼儿无限的遐想。带领幼儿走进春天，听戴胜鸟鸣，看斑鸠拂羽，体验春耕的欢快忙碌。

◎ 绘本推荐

《雨河》

推荐理由：听雨的声音、看雨的滴落，想象着雨水落在田野、汇成河川、流向大海。通过一次奇妙的雨夜之旅，跟随小女孩的想象，一起和孩子体会自然和生命的真谛，感受大自然那不可抵挡的魅力。

◎ 活动示例

【活动领域】

艺术、语言

【活动目标】

1. 欣赏、理解古诗《咏廿四气诗·谷雨春光晓》，感受古诗意境美。

2. 通过阅读绘本《雨河》，体会自然和生命的真谛。

3. 观赏谷雨时节声声蛙鸣的景象。

【活动过程】

1. 幼儿朗诵古诗《咏廿四气诗·谷雨春光晓》，感知谷雨时节大自然的美妙景象。

春
chun

2. 愿意跟随古诗意境进行表演或古诗新唱。

3. 阅读绘本《雨河》，理解并创编故事内容。

【延伸与分享】

1. 鼓励幼儿将古诗内容以绘画的形式表现出来。

2. 带领幼儿走进大自然，观察谷雨农忙时节的景象。

谷雨时节，伴随着牛毛细雨、声声蛙鸣，幼儿在教师的带领下走进生活。在池塘的声声蛙鸣中感受春天的气息，幼儿挥动画笔，田地里忙碌的农民伯伯成了一道亮丽的风景线，他们挥洒汗水，播种希望。这里春雨连绵、春花烂漫，幼儿畅游在春天的王国里，感受明媚的阳光。

茶话二十四节气

◎ 谷雨·茶品推荐——柠檬红茶

红茶与柠檬的结合，是清甜与酸涩的碰撞，加以蜂蜜的调和，让这杯茶变得十分温和。谷雨时节，听着淅淅沥沥的雨声，沏一杯柠檬红茶，回味酸酸甜甜，再惬意不过了。

◎ 茶语时光·体验——茶叶香囊

【活动领域】

社会、语言、艺术

【活动目的】

1. 制作茶叶香囊，体验动手制作的快乐。

2. 欣赏制作的香囊，感受丰富多彩的传统文化。

【活动过程】

1. 教师准备好茉莉花茶叶、白芷、陈皮、桂花、杵臼、香囊袋。

2. 教师指导幼儿将5g的茉莉花茶叶，白芷、陈皮、桂花各3g放入杵臼，辅助幼儿将其捣碎。

3. 幼儿分组合作，慢慢将捣碎的碎末装进香囊袋并收紧袋口。

4. 茶叶香囊袋制作完成。

【延伸与分享】

幼儿可以相互展示自己制作的香囊，闻一闻茶叶香囊的特殊气味。同时，教师和幼儿可将香囊布置到品茶区。

◎ 客来敬茶·茶礼仪——置茶礼仪

置茶指将茶叶装入茶具的过程。装茶时，切忌为了方便直接用手抓取茶叶，这样会让客人感觉不卫生，而且由于茶叶吸附能力比较强，手上护肤品的味道或者其他气味都会被茶叶吸收而影响茶水的口感。

置茶需用专门的茶匙。在置茶时，茶叶不能过多，也不能过少。过多，茶味过浓；过少，茶味就会过淡。

夏

时夏方长　盛暑将至

立夏

一晴方觉夏来

夏
xia

传说故事

立夏称人

相传，朱元璋手下大将常遇春在一次大战中为元人所俘，关进大牢。为了保住常遇春的性命，朱元璋想贿赂牢中首领，而牢头也正想奉承朱元璋，听闻此事，心中高兴，却不知道怎么证明自己善待常遇春。牢头的妻子听闻，给出建议："只需每天记录下常遇春的体重，重量只增不减，就说明他在牢里没过苦日子。"

第二天立夏，牢头为常遇春称了体重。打这以后，牢头兢兢业业地侍候着常遇春，生怕他体重减少。一年以后，朱元璋攻克城池，救出了常遇春。牢头为了彰显自己的功劳，当着朱元璋的面又替常遇春称了体重，结果不出所料，常遇春的体重又增加了，巧合的是这一天又是立夏日。朱元璋大喜，笑着说："好，好，立夏称人。"打这以后，立夏称人的习俗就流传了下来。

时光印痕
相遇二十四节气

立夏是进入夏季后的第一个节气,二十四节气的第七个节气。交节时间在每年公历5月5日至7日。每年这个时候,北斗七星都会指向东南方,太阳黄经达45°。

立夏表示已经作别春季,即将迎来炎热的夏季。在夏季,植物枝繁叶茂,春季的植物到立夏时都已长大。所以,在江南地区,就有吃时令果蔬的习俗,如竹笋、樱桃等。

另外,在立夏以后,全国各地的降水量明显增多。伴随着日渐增长的光照时间、充足的雨水,植物进入生长旺季。

◎ 三候

一候蝼蝈鸣:初夏时节,蝼蝈开始在田间、池畔鸣叫觅食。伴随着蝼蝈的鸣叫,夏天的氛围日渐浓厚。

二候蚯蚓出:蚯蚓常年居于潮湿阴暗的土壤中,立夏后阳气生

夏 xia

发，它们会钻到地面呼吸新鲜空气。

三候王瓜生：在立夏时节，王瓜爬藤生长迅速，开始长大成熟，农民可以采摘，相互馈赠。

◎ 习俗

秤人：相传这天称秤的人会边秤人边讲一些吉利话，祈愿身体健康，生活美满。

喝粥：传说立夏当天喝立夏粥可保佑一年平安、健康，寄托人们对未来美好生活的向往。

吃立夏饭：这一天要变着花样吃各种饭，乌米饭、豌豆糯米饭等，会使人们食欲大开。

◎ 活动一：豆儿乐

【活动领域】

社会

【活动目标】

1. 感知夏天来临植物的生长变化。

2. 体验动手剥豆子的乐趣。

3. 发展幼儿的动手能力。

【活动过程】

1. 教师准备各种豆子、镊子、放大镜、纸盘等材料。

2. 幼儿使用工具观察豆子的形状，并剥开豆子外壳进一步观察，猜猜它是什么植物的种子。

3. 学习剥豆子，体验动手剥豆子的乐趣。

4. 和家人一起分享剥豆子的快乐。

【延伸与分享】

1. 将关于豆子的小知识和伙伴们一起分享交流。

2. 用轻黏土制作不同种类的豆子，并放至美工室进行展示。

◎ 活动二：夏日绘画

【活动领域】

艺术

【活动目标】

1. 了解夏天的特点，知道夏天解暑的小妙招。

2. 能够大胆运用色彩画出夏天的景色。

【活动过程】

1. 准备好丙烯颜料、画笔、调色板、罩衣等与绘画有关的用品。

2. 幼儿和同伴分享自己的夏日记忆。

3. 大胆地运用不同的色彩、线条创作出自己的绘画作品，感受涂鸦的乐趣。

夏
xia

4. 分享自己的绘画作品，感受幼儿独特视角下的夏日美好。

【延伸与分享】

1. 分组分享自己的作品，并将自己创作的想法表达出来。

2. 到阅读区探索更多色彩的秘密。

诗情绘意

◎ 诗词推荐

小　池

〔宋〕杨万里

泉眼无声惜细流，树阴照水爱晴柔。

小荷才露尖尖角，早有蜻蜓立上头。

推荐理由：这是一首关于立夏节气的古诗。初遇夏日，呼吸新鲜清爽的味道，看池塘里的蜻蜓、娇嫩的荷叶、柔柔的泉水，领略初夏的生机盎然，感谢大自然给予我们的馈赠。

◎ 绘本推荐

《立夏·尝三鲜》

推荐理由：春天悄然离去，随着气温的升高，意味着夏天的开始。枇杷黄、梅子青、青草香，当季的"鲜美"值得我们细细品味，斗蛋遇见立夏会发生什么样有趣的故事呢？让我们跟随主人公贝儿一起寻找答案吧！

◎ 活动示例

【活动领域】

艺术、语言、社会

【活动目标】

1. 欣赏、诵读古诗《小池》，感受古诗韵律美。
2. 阅读绘本《立夏·尝三鲜》，理解故事内容。

【活动过程】

1. 立夏时节带领幼儿走进大自然，欣赏《小池》中"小荷才露尖尖角"的景象，朗诵古诗《小池》，感受立夏时节的美妙。

2. 愿意跟随手指律动，边唱边做。

3. 阅读绘本《立夏·尝三鲜》，了解立夏习俗，欣赏初夏来临的秀美景象。

夏
xia

【延伸与分享】

1. 鼓励幼儿将古诗内容以绘画的形式表现出来。

2. 带领幼儿了解蜻蜓，初步了解昆虫对大自然的作用，并知道要保护有益昆虫，如蜜蜂、蚯蚓、螳螂等。

立夏时，幼儿跟随着诗人杨万里走进初夏池塘，欣赏生机勃勃的美丽景色。他们手握画笔，展开想象，画出他们眼中的初夏风光。嫩绿的荷叶慵懒地浮在水面上，荷花含苞待放，可爱的蜻蜓在荷花之间跳舞，仿佛也在领略夏天的生机。幼儿在诗情画意之间感知立夏的清新秀美。

◎ 立夏·茶品推荐——柠檬桂花蜂蜜茶

立夏时节，天气逐渐炎热，一杯柠檬茶再加上蜂蜜、桂花的点缀，不仅有助于消化，酸甜清香的味道也让这个夏天变得凉爽起来。

时光印痕
相遇二十四节气

◎ 茶语时光·体验——柠檬桂花蜂蜜茶

【活动领域】

健康、社会

【活动目标】

1. 对节气活动感兴趣，了解柠檬桂花蜂蜜茶的制作步骤。

2. 了解柠檬、桂花、蜂蜜的味道及其在生活中的用处。

【活动过程】

1. 教师提前准备柠檬、桂花、蜂蜜、茶具、其他器具。

2. 幼儿与教师一起完成操作：先把柠檬洗干净切成薄片（注意切的时候要带皮），然后按一勺蜂蜜、一层桂花、一层柠檬片的顺序逐次放入容器，密封冷藏2~3天。

3. 将做好的柠檬桂花蜂蜜茶取出50g投入壶中，壶中倒入约60℃的白开水浸泡。

4. 静待2~3分钟，一杯香甜美味的柠檬桂花蜂蜜茶就完成了。

夏
xia

【延伸与分享】

幼儿分杯品尝柠檬桂花蜂蜜的味道，体验与同伴合作完成的这份甜蜜。

◎ **客来敬茶·茶礼仪——伸掌礼仪**

伸掌礼是茶道表演时用得最多的示意礼。姿势要求是虎口分开，四指并拢，手掌稍微向内凹。表示的意思是"请"和"谢谢"。

小满

万物向阳　小得盈满

传说故事

小满和三新

传说三新是天上谷神的三女儿，来到凡间遇到了一个叫小满的年轻人，后来在乡亲的说合下，三新和小满成亲了。有天晚上，三新把从天宫带来的东西交给小满。她先指着一个白白的东西说："这是蚕茧，过些时候会从中爬出蚕蛾，蚕蛾生子，吃了桑叶就会吐出真丝，大家就有绸子穿了。"接着拿出一个圆骨朵的东西说："这叫大蒜，八月种植，来年麦熟时收益，它能当菜吃，也能治病。"最后又抓起一把种子说："这叫大麦，今秋种明夏收，可给农人接荒。"

没过几天，三新被坏人抓走了，她担心会连累小满，便想办法回到了天宫。留下的小满按三新的吩咐，把那三样东西分给了乡亲们。第二年，小满时节，人们就迎来了丝绸、大蒜和大麦的丰收。小满时节收得了三种作物，人们叫作见"三新"，意为小满和三新会面呢。

时光印痕
相遇二十四节气

小满是夏季的第二个节气,二十四节气中的第八个节气,交节时间在每年公历5月20日至22日,太阳黄经达60°。

小满期间,小麦等农作物开始灌浆,但是还没有完全饱满,降水量持续增加,并常常会出现强降水,小满是可以直接反映出降水的节气。

◎ 三候

一候苦菜秀:此时粮食尚未成熟收获,古时候人们如果没有粮食吃,便以野菜充饥。

二候靡草死:靡草是感阴气生长的植物,小满时节开始进入夏天,靡草抵不住旺盛的阳气而枯死。

三候麦秋至:虽然时间还是夏季,但是到了麦子成熟收割的时候,所以叫作麦秋至。

夏
xia

◎ 习俗

忙收种：小满时节是黄河流域麦子成熟的时节，人们开始忙碌地收割麦子。

吃苦菜：苦菜是中国人最早食用的野菜之一，虽然在各地的称呼有所不同，但其营养成分、药用价值是一样高的。

看麦梢黄：在关中地区，每年麦子快成熟时，出嫁的女儿都要到娘家去探望，问候夏收的准备情况。

时节之美

◎ 活动一：给植物浇水

【活动领域】

社会

【活动目标】

1. 感知植物的生长过程，并且能够耐心照料植物。

2. 培养幼儿爱护植物的情感，体验劳动的喜悦。

【活动过程】

1. 让幼儿了解植物缺水的外貌形态，以及如何判断植物是否需要浇水和浇水的量，并寻找发现身边需要浇水的植物。

2. 教师准备好浇水的工具。

3. 幼儿拿起喷水壶，为植物的生长补充水分。

4. 感受照顾小花、小草的乐趣，体会大自然独特的美。

【延伸与分享】

1. 和伙伴一起分享生活中照料植物的经验。

2. 到阅读区了解更多关于植物的知识。

◎ 活动二：苦菜食记

【活动领域】

健康

【活动目标】

1. 知道吃苦菜的好处，了解苦菜的营养价值。

2. 愿意品尝对身体有好处的苦菜。

【活动过程】

1. 认识各种苦味蔬菜：苦瓜、苦菜、蒲公英等。

2. 准备好苦瓜、苦菜等苦味蔬菜和大米，以及烹饪所需的锅具。

3. 幼儿清洗蔬菜、淘洗大米，在教师的帮助下配好蔬菜，然后将大米和蔬菜放入锅中进行熬煮。

4. 一起品尝自制的苦菜粥，感受舌尖的奇妙滋味。

【延伸与分享】

1. 和伙伴们一起交流讨论各种苦菜对身体的好处。

2. 回家将学到的小知识与爸爸妈妈一起分享。

夏

◎ 活动三：蚕的观察日记

【活动领域】

科学

【活动目标】

1. 了解蚕的特点及生长环境，能够细心观察蚕的变化。

2. 培养幼儿对动植物的喜爱。

【活动过程】

1. 准备好观察需要的工具以及蚕和桑叶。

2. 幼儿掌握正确的观察方法，细致地观察蚕的外貌形态，了解蚕的生活习性。

3. 观察蚕卵及蚁蚕的形态特征，从蚕卵幼虫到结茧，再到破茧羽化变为蛾，感受蚕整个生命的周期及其在不同阶段的变化，学会在观察中发现问题、提出问题，提高观察能力和获取信息的能力。

4. 对蚕形成初步的了解，知道它是丝绸的主要原料来源，养成敬畏生命、爱护动物的意识。

时光印痕
相遇二十四节气

【延伸与分享】

1. 分组讨论观察的过程，体验发现的乐趣。

2. 到美工区将蚕的生长过程记录下来，放在植物角供幼儿观察、学习。

诗情绘意

◎ 诗词推荐

五绝·小满

〔宋〕欧阳修

夜莺啼绿柳，皓月醒长空。

最爱垄头麦，迎风笑落红。

推荐理由：这是一首有关小满节气的古诗。小满指北方夏熟作

夏
xià

物的籽粒开始灌浆饱满,但还未成熟,所以叫小满。诗人在古诗中也描绘了麦粒逐渐饱满的情状,让我们一起去看看吧!

◎ 绘本推荐

《小满·洞庭美》

推荐理由: 小满节气已至,夏天的味道渐渐浓郁,贝儿一家从江苏到了湖南,这次她会带给我们哪些惊喜呢?是带我们看日渐饱满的小麦,还是张家界的森林公园呢?带着我们的期待一起去书中揭秘吧!

◎ 活动示例

【活动领域】

语言、社会、科学

【活动目标】

1. 欣赏、诵读古诗《五绝·小满》,感受诗人表达的意境。

2. 阅读绘本《小满·洞庭美》,理解故事内容。

3. 欣赏小满时节麦田的美丽景象。

【活动过程】

1. 引导幼儿朗诵古诗,朗诵时注意诗歌的韵律。

2. 观看视频让幼儿更加直观地欣赏古诗中的美景,并感知田园生活的乐趣。

3. 阅读绘本《小满·洞庭美》,感受夏意浓浓及小满节气的温和。

【延伸与分享】

1. 鼓励幼儿将古诗内容以绘画的形式表现出来。

2. 收集麦子、带进班级，让孩子近距离观察麦穗，感受丰收的喜悦。

小满时节是收获的前奏，也是炎热夏季的开始，孩子们在家长的带领下近距离观察小麦，感受麦田的气息。看！孩子们的画笔多么神奇，他们和稻草人成为朋友，坐在麦陇边看着满垄的小麦慢慢长大，我们仿佛置身其中。美好的盛夏就要到来，孩子对夏天的探索更加充满活力。

◎ 小满·茶品推荐——竹叶茶

小满小满，盈而未满。此时来一杯竹叶茶，半满的茶杯，淡淡的茶香，不仅清热，还去除了小满时节带来的烦躁。

夏 xia

◎ 茶语时光·体验——植物拓印

【活动领域】

艺术、社会

【活动目标】

1. 学习在植物上较均匀地涂色并印画的技能。

2. 感受植物拓印画的美感，体验印花活动的乐趣。

【活动过程】

1. 幼儿收集并准备各种形状的树叶、白菜根、莲藕、水粉颜料、水粉笔、画纸。

2. 教师指导将颜料均匀地涂在植物上（单面）。

3. 幼儿分组合作，将涂好颜料的植物印在画纸上，然后重复涂颜料和印画两个步骤，尝试多种颜色和各种植物组合。

4. 一幅富有创意的作品完成，幼儿在动手的过程中感受拓印的神奇与乐趣。

【延伸与分享】

将幼儿作品摆放到作品展示区，并邀请幼儿分享制作过程及作品所蕴含的意义，同伴交流分享。

◎ **客来敬茶·茶礼仪——玻璃杯品茶**

用玻璃杯品茶时，右手握住玻璃杯，左手托着杯底，分三次将茶水细细品啜。如饮用花草茶，可以用小勺轻轻搅动茶水。搅动时，一定要按照一个方向搅动。喝茶时，要记得将小勺拿出来，不要放在玻璃杯内，否则会显得不雅观。

风吹麦成浪 蝉鸣夏始忙

芒种

传说故事

百家宴

侗族人民在芒种时节要吃百家宴,乡亲们都端来自己家的美食,搭起长席,在一起吃饭,非常热闹。侗族的百家宴源于一个古老的传说。

在很久以前的芒种时节,有一个侗族的寨子遭到了洪水的袭击,田地被破坏了,房屋都倒塌了,眼看洪水就要淹没整个寨子。这时寨子里来了一位英雄,他的力气特别大,只见他伸出自己宽大的臂膀,用力将洪水推走了,救了整个寨子的人们。

为了表示对这位英雄的感激和敬意,家家户户都想请英雄到自己的家里来吃饭,但英雄第二天一早就要离开,不可能一一去各家做客,怎么办呢?这时有一位聪明的小姑娘想出了一个好主意,她提议每家做几道最好的菜,全寨一起来款待英雄。由于这个宴席集百家之长,就叫"百家宴"。英雄尝遍了全寨子人的百家宴,对大家道谢后就离开了。为了感谢这位英雄,这个习俗一直流传至今。

夏
xia

芒种是夏季的第三个节气，二十四节气中的第九个节气。交节时间在每年公历6月5日至7日，太阳黄经达75°。

芒种时节温度上升，降水量增加，非常适合种植谷类作物。芒种也是农作物种植的分界线，过了芒种节气再进行种

植，成活率就会下降，这也就是民谚"芒种不种，再种无用"所蕴含的意义。

◎ **三候**

一候螳螂生：螳螂于上一年深秋产下的螳螂卵，在芒种节气开始蠢蠢欲动，最终破壳而出。

二候䴗始鸣：䴗（伯劳鸟）感应到节气变化，开始在枝头出没，并发出清脆的叫声。

三候反舌无声：与伯劳鸟相反的是一种叫反舌的鸟，聒噪数月

91

的它感应到节气的变化而停止了自己的鸣叫。

◎ 习俗

煮梅:正值初夏,梅子成熟,人们将梅子煮熟并加糖腌渍或用黄酒沸煮,制成可口的青梅酒。

安苗:祈祷天从人愿、五谷丰登,人们会举行隆重的安苗仪式,选用刚收获的小麦制成面粉,并做成五谷六畜、瓜果蔬菜的形状,然后用蔬菜汁染上颜色作为供品。

祭祀花神:芒种前后天气渐热,不适合鲜花盛开,所以花神就要告别人间返回天庭,人们举办宴席为其饯行。

◎ 活动一:绿豆糕

【活动领域】

健康

【活动目标】

1. 在了解做绿豆糕方法的基础上,学会和面、揉面团、加配料、压印模等技能。

2. 体验做绿豆糕的乐趣,并分享美味。

夏
xià

【活动过程】

1. 让幼儿了解制作绿豆糕的步骤，教师为幼儿准备好制作绿豆糕需要的材料（绿豆、黄油、白糖、模具等材料）。

2. 幼儿将浸泡好的绿豆榨成泥，将白糖、黄油加入绿豆泥中一起炒制，最后放入模具做成美味的绿豆糕。

3. 和同伴一起分享绿豆糕，感受亲手制作的开心与喜悦。

【延伸与分享】

1. 分组讨论制作的过程，并欣赏各种样式的绿豆糕。

2. 把自己制作的绿豆糕带回家和爸爸妈妈一起品尝，感受制作绿豆糕的乐趣。

◎ 活动二：芒种创意画

【活动领域】

艺术

【活动目标】

1. 了解芒种节气的由来和习俗。

2. 尝试用不同材料绘制芒种创意画，培养幼儿对画画的热爱。

【活动过程】

1. 引导幼儿了解芒种节气的故事，感受芒种节气所蕴含的无穷的希望。

2. 准备塑料膜、画笔、轻黏土、胶枪等材料。

3. 运用绘画、粘贴等不同的创作方式，绘制出一幅独特的芒种创意画。

4. 和同伴分享自己的创意画内容，讲述充满魅力的芒种故事。

【延伸与分享】

1. 将幼儿的作品摆放至活动室内，让幼儿体会装饰活动室的自豪感。

2. 到阅读区了解更多芒种的知识。

夏 xia

诗情绘意

◎ 诗词推荐

四时田园杂兴·其二十五
〔宋〕范成大
梅子金黄杏子肥，麦花雪白菜花稀。
日长篱落无人过，惟有蜻蜓蛱蝶飞。

推荐理由：这首古诗描写的是初夏江南景色。大家在田间忙碌，路边金黄的梅子挂满枝头，杏也变得非常鲜亮饱满……一起走进古诗，感受芒种时节的田园风光吧！

◎ 绘本推荐

《从一粒种子开始》

推荐理由：这是一个让我们充满自然力量的绘本，它描绘了一粒小种子生根、发芽，最终成长为一棵枝繁叶茂的大树，滋养着周围的生命。你们觉得自己是种子吗？让我们从一粒种子开始，一起领略自然的神秘力量！

时光印痕
相遇二十四节气

◎ 活动示例

【活动领域】

艺术、语言

【活动目标】

1. 欣赏、诵读古诗《四时田园杂兴·其二十五》，感受古诗的韵律美。

2. 阅读绘本《从一粒种子开始》，了解一粒种子的生长过程，体悟自然的力量。

3. 感受初夏江南的田园景色，寻觅夏天大自然的美好。

【活动过程】

1. 用情景讲述的方式，让幼儿进一步理解古诗的含义，欣赏芒种时江南初夏的田园景色。

2. 愿意跟随古诗的节奏，配合音乐，进行古诗新唱。

3. 通过阅读绘本《从一粒种子开始》，感受生命的顽强与生生不息，培养幼儿热爱大自然的情感。

【延伸与分享】

1. 鼓励幼儿将古诗内容以绘画的形式表现出来。

2. 让幼儿知道梅子、杏子是夏天的果实，并和家长一起探索夏天成熟的果实，可以以多种形式呈现，如绘画、调查表、轻黏土捏制作品等。

芒种时的江南田园景色有花有果、有色有形。幼儿用手中的画笔大胆创作，让我们看到了他们眼中不一样的江南景色：农民伯伯

夏
xia

早出晚归，蜻蜓和蝴蝶在蓝蓝的天空中轻轻飞舞，金黄的果实挂在树上，看起来香香的、甜甜的，好想吃一口！

◎ 芒种·茶品推荐——润燥水果茶

芒种时节，气温变化较大，常发生换季感冒，而水果茶中含有丰富的维生素C，对感冒有很好的预防和治疗作用。另外，水果茶还能调理脾胃之气，促进消化，具有一定的清热去火、

提神醒脑的作用。

◎ 茶语时光·体验——水果茶

【活动领域】

社会、语言、健康

【活动目标】

1. 让幼儿知道水果具有丰富的营养价值，了解水果的烹调方式。

2. 体验亲自制作美食的乐趣，激发幼儿对水果的喜爱。

【活动过程】

1. 教师与幼儿共同准备西瓜、柠檬、火龙果、橙子、香蕉、杧果、百香果，清水、茶壶以及水杯。

2. 幼儿清洗水果，晾干水分后，将橙子、西瓜、柠檬、火龙果切好分别放入容器中。

3. 幼儿可根据自己的喜好将水果加入壶中，然后加入800mL（视容器的容量而定）的水，确保水没过所投放的水果。

4. 将水果和水充分搅拌后倒入杯中，即可饮用美味的水果茶。

【延伸与分享】

把甜甜的水果茶分享给老师和小朋友，传递温暖，体验分享带来的温馨快乐。

夏

◎ **客来敬茶·茶礼仪——盖碗品茶**

　　盖碗品茶的姿势是一只手拿着茶盖，用大拇指和中指持盖顶，接着将盖微微倾斜，用靠近自己远侧的盖边缘轻刮茶水水面。用另一只手端起茶杯，慢慢抬起，若茶水很烫，可以轻轻吹一吹，但不要发出声音。

　　女士则需要双手把盖碗连杯托端起，放在左手掌心，小口细品，切记不可仰着脑袋喝。

夏至

映日荷花别样红

夏
xia

传说故事

夏至由来

古时候，有一个姑娘长得十分漂亮，而且针线活的功夫也无人能比，父母就给她取名巧姐儿。时间飞快，巧姐儿长大嫁人了。在巧姐儿新婚第三天回娘家时，婆家要求她在娘家一天要做好十双袜子、十双鞋子和十个烟盒包并在当天带回婆家，这难度可大了。巧姐儿从坐上轿子就开始做针线活，回到娘家也一刻不敢停下来。这天的太阳好像跑得比往日都要快，眼看就要落到西山去了，巧姐儿急得哭了起来。

这时，来了一位白发苍苍的老奶奶，听说了巧姐儿的事情后，她把巧姐儿手中的一根线头抓在手中，另一头线轴抛向空中，围太阳转了个圈，把太阳拴住了，巧姐儿抓着线头，轻轻一牵，一天的时间延长了。巧姐儿终于完成了婆家交代的针线活，谢过老奶奶后，回到了婆家。巧姐儿的公婆都很开心，希望巧姐儿可以帮他们做更多精巧的针线活。可是当太阳落山的时候，巧姐儿手里的丝线飘了起来，巧姐儿也飘了起来，向着彩霞飞去，这一天就是夏至。

时光印痕
相遇二十四节气

夏至是夏季的第四个节气,二十四节气中的第十个节气。交节时间在每年公历6月21日至22日,太阳黄经达90°。

夏至是太阳直射点的分界线,过了夏至以后,太阳直射点由北回归线逐渐向南偏移。夏至是一年当中白昼时间最长的一天。

同时夏至以后气温逐渐上升,空气对流增强,晌午以后非常容易形成骤来疾去的雷阵雨。

◎ **三候**

一候鹿角解:夏至到,阴气逐渐生发,代表阳的鹿角逐渐脱落。

二候蝉始鸣:夏至前后,雄性的蝉因为感知到阴气的生发便开始鸣叫。

三候半夏生:半夏,生于夏至前后,又叫三叶,性喜阴,在夏

夏
xia

至来临之时，半夏以及其他一些喜阴的植物，开始出现。

◎ 习俗

祭神祀祖：夏至时节正值谷物丰收，人们就在夏至时举行祭祀来庆祝今年的圆满、祈祷来年的丰收。

消夏避暑：夏至渐热，心灵手巧的女子互赠避暑小物件，如扇子、胭脂。而宫廷之中，会把去年冬天收藏的冰块拿来消暑解热。

◎ 活动一：制作扇子

【活动领域】

艺术

【活动目标】

1. 了解扇子是怎样组成的，尝试为扇子涂色，培养幼儿的动手能力和审美能力。

2. 和朋友一起分享制作的过程，感受其中的乐趣。

【活动过程】

1. 通过欣赏图片、观看视频等方式，让幼儿了解扇子的不同形状和制作过程，教师引导幼儿说一说扇子由哪几部分组成。

2. 教师准备团扇、颜料、画笔等材料。

3. 幼儿选择自己喜欢的方式在团扇上进行绘画并为其涂上颜料。

【延伸与反思】

1. 了解更多不同材质、不同形状的扇子。

2. 鼓励幼儿设计属于自己的扇子。

◎ 活动二：制作杨梅汤

【活动领域】

健康

【活动目标】

1. 了解制作杨梅汤需要的材料及步骤。

2. 和朋友一起分享亲手制作的杨梅汤，体验品尝美食的乐趣。

【活动过程】

1. 教师教幼儿认识制作杨梅汤的各种材料：杨梅、荔枝、冰糖、杯子等。

2. 幼儿将洗净的杨梅、剥好的荔枝以及冰糖,在教师的帮助下放入锅中煮至沸腾后,再熬煮20分钟,晾凉后倒入干净的杯子里。

3. 幼儿品杨梅汤。

【延伸与反思】

1. 了解夏至还有哪些美食。

2. 将自己制作杨梅汤的过程用绘画的形式记录下来。

诗情绘意

◎ 诗词推荐

晓出净慈寺送林子方

〔宋〕杨万里

毕竟西湖六月中,风光不与四时同。

接天莲叶无穷碧,映日荷花别样红。

时光印痕
相遇二十四节气

推荐理由： 夏至节气到来，六月西湖风光秀丽，密密层层的荷叶仿佛和蓝天相连，亭亭玉立的荷花，显得格外鲜艳娇红。一起走进古诗，感受盛夏荷花的娇艳美丽。

◎ **绘本推荐**

《蚂蚁和西瓜》

推荐理由： 一块西瓜在蚂蚁看来，是多么庞大，多么诱人！听，嘿呦嘿呦，小蚂蚁喊着整齐的口号，让我们跟着小蚂蚁的脚步，一起来看看它们是怎么把大西瓜运回家的吧！

◎ **活动示例**

【活动领域】

艺术、语言

【活动目标】

1. 欣赏、诵读古诗《晓出净慈寺送林子方》，初步感知诗句的意思，想象诗中所描绘的画面，体会诗的意境。

2. 阅读绘本《蚂蚁和西瓜》，理解故事内容，能够大胆地与他人交流故事情节。

3. 欣赏夏天的美好景色，激发幼儿对美好景物的向往。

【活动过程】

1. 幼儿通过观看视频、古诗新唱等方式了解古诗，欣赏西湖风光的秀丽和荷花的婀娜多姿。

夏
xia

2. 随着音乐,幼儿用自己喜欢的声音有韵律地朗读古诗,可以加上自己喜欢的动作,边说边表演。

3. 阅读绘本故事《蚂蚁和西瓜》,大胆想象蚂蚁的不同动态,感受小蚂蚁吃大西瓜的情和趣,体验合作的快乐。

【延伸与分享】

1. 鼓励幼儿将古诗内容以绘画的形式表现出来。

2. 带领幼儿走进大自然,欣赏盛夏荷花的美丽景象。

夏至正是荷花盛开的时节,幼儿在教师的带领下走进自然,领略夏天的美丽景色,他们富有想象的创作,让我们看到幼儿心中的"莲叶何田田":吹着暖暖的风,去荷塘边寻找绿绿的荷叶和粉色的荷花,还有青蛙在说悄悄话呢,我爱夏天!

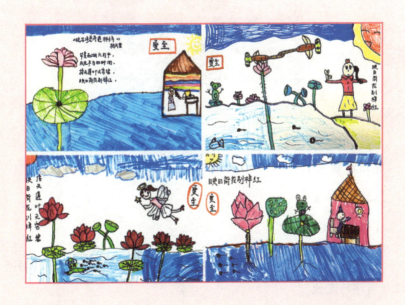

茶话二十四节气

◎ **夏至·茶品推荐——红茶**

夏至饮茶,应以清凉解暑的茶为最佳选择。红茶不仅可养生消暑,对肠胃刺激也较轻,因为红茶的茶性温和,香气偏暖,夏至——阴生,红茶可使身体温中散寒。

◎ **茶语时光·体验——茶话会**

【活动领域】

社会、语言

【活动目标】

1. 能在集体活动中大胆表现自己,在活动中体验团结合作,增进与同伴的友谊。

2. 在活动中感受师生情、友情,体验毕业季带来的离别伤感与

夏
xia

温情。

【活动过程】

1. 教师提前为幼儿创设一个温馨的环境，提供宽敞的活动场地，引导幼儿自主设计"茶话会"场景，并按照所布置的场景准备、收集所需要的物品，分工合作装饰。

2. 幼儿收集并准备所需要的水果、点心、气球装饰品。

3. 根据布置好的场地放置水果、点心，以及足量的餐具。

4. 组织幼儿有秩序地排队，品茶、吃美食、聊天，其间可组织游戏，进行即兴节目表演。

【延伸与分享】

当夏至遇上毕业季，让我们来一场茶话会，品着茶，吃着美食，一起聊一聊这三年的故事……

◎ 客来敬茶·茶礼仪——瓷杯品茶

一般用瓷杯冲泡红茶。品茶时，如果是男士，拿着瓷杯的手要尽量收拢；而女士可以把食指与小指弯曲呈兰花指状，左手指尖托住杯底。总体说来，握杯的时候右手大拇指、中指握住杯的两侧，无名指抵住杯底，食指及小指自然弯曲。

温风至　初伏来

小暑

传说故事

六月六，晒红绿

相传天帝看重小白龙并委以重任，将天界宝物赐予小白龙看守保管，小白龙却因贪图人间繁华，时常从海底潜入人间游玩，致使宝物被妖族盗取并以此要挟天庭。天帝非常生气，命天兵天将追捕小白龙。龙王心疼自己的儿子，偷偷命虾兵蟹将给小白龙传信潜逃，不过小白龙最终还是在百万里之外的山脚下被天兵天将擒住。天帝一怒之下，将龙王一族囚禁在海底，除六月六这天，其余时间皆困在海底。

于是在海底沉潜一年的龙族唯有在六月六这天上岸，晾晒自己的龙鳞，蒸发身上的潮气。后来故事流传到人间，人们也纷纷在这天拿出自己压箱底的衣物、书籍等进行晾晒。因为六月六正值小暑节气，小暑晾晒衣物的习俗也就流传至今。

夏
xia

小暑是夏季的第五个节气,二十四节气中的第十一个节气。交节时间在每年公历的7月6日至8日,太阳黄经达105°。

小暑并不是一年之中气温最高的时节,但是我国很多地方从小暑开始,雷暴天气就明显增加。

民谚说"小暑大暑,上蒸下煮",这就意味着从小暑开始,就即将进入一年中气温高、气候潮湿的时段,所以要提前做好避暑的相关措施。

◎ 三候

一候温风至:小暑过后,不再有一丝凉风,微风拂面,所有的风都带着温暖的感觉。

二候蟋蟀居宇:小暑五日后天气渐热,蟋蟀为了避暑避热,会离开田野,来到院子墙脚下。

三候鹰始鸷：再过五天，因为地面气温太高，老鹰会选择在清凉的高空进行活动。

◎ 习俗

食新：小暑节气尝新米，农民会将新割的稻谷碾成米后，做好饭供祀祖先，吃尝新酒等。

吃饺子：头伏吃饺子是传统习俗，因为饺子是开胃解馋之物，可以帮助人们缓解伏天食欲不振。

吃三宝：天气炎热，人体出汗多、消耗大，吃三宝（黄鳝、蜜汁藕、绿豆芽）可以补充体力，解热防暑。

◎ 活动一：多彩游泳池

【活动领域】

艺术

【活动目标】

1. 了解泳池的外形特征。

2. 激发幼儿对于艺术活动的热爱。

夏
xia

【活动过程】

1. 认识夏天的游戏场地——游泳池，细致观察游泳池的外形特征。

2. 准备轻黏土、卡纸、蜡笔等材料，幼儿选择自己喜欢的卡纸并用蜡笔画出游泳池的样子，再用轻黏土捏出造型装饰游泳池。

3. 和朋友一起分享制作的过程，感受其中的乐趣。

【延伸与反思】

1. 幼儿回家后，和爸爸妈妈体验动手制作不同类型游泳池的快乐。

2. 了解在游泳池游泳的注意事项。

◎ 活动二：晒伏

【活动领域】

健康、社会

【活动目标】

1. 了解小暑时节有"晒伏"的习俗。

2. 促进幼儿之间的交流，培养其爱劳动的品质。

【活动过程】

1. 教师介绍小暑时节"晒伏"的习俗。

2. 幼儿把活动室内的书籍、玩具、被子拿到户外进行晾晒。

3. 晾晒结束后，将晾晒的物品带回活动室。

【延伸与反思】

1. 知道小暑节气其他的习俗。

2. 同伴之间分享防暑小妙招。

夏 xia

诗情绘意

◎ **诗词推荐**

西江月·夜行黄沙道中（节选）

〔宋〕辛弃疾

明月别枝惊鹊，

清风半夜鸣蝉。

稻花香里说丰年，

听取蛙声一片。

推荐理由：这是一首描写夏天的古诗词。皎洁的月光从树枝中透出，听，有蝉鸣、蛙声和鸟声，还有农人谈论着今年的好收成。一起走进古诗词，感受诗词中蕴含的小暑节气的自然风光之美。

◎ **绘本推荐**

《好安静的蟋蟀》

推荐理由：仲夏的脚步慢慢向我们走近，在这个有爱的世界，小蟋蟀出生了，唧唧吱吱……小蟋蟀是用什么发出声音的呢？为什么是好安静的蟋蟀？开启探索时光，一起和孩子去聆听最美妙的声音。

◎ **活动示例**

【活动领域】

艺术、语言

【活动目标】

1. 欣赏、诵读古诗词《西江月·夜行黄沙道中》，感受诗词中描绘的热闹景象，激发幼儿对大自然的喜爱之情。

2. 阅读绘本《好安静的蟋蟀》，带领幼儿体会小动物成长的奥妙，并认识各种不同的昆虫，感受昆虫世界的神奇，激发幼儿探索大自然的好奇心。

3. 感受小暑天气炎热的气候特点。

【活动过程】

1. 幼儿通过观看视频、表演等方式了解古诗词，感受蝉鸣、蛙声四起的热闹场景。

2. 根据诗词内容创编动作，让幼儿带着动作表演，边唱边跳。

3. 阅读绘本故事，认识常见的鸣虫，告诉幼儿要喜爱昆虫、保护昆虫，激发幼儿对生活中科学现象的兴趣。

【延伸与分享】

1. 鼓励幼儿将古诗词内容以绘画、表演的形式表现。

2. 带领幼儿走进大自然，听蝉鸣、蛙声，体验丰收的喜悦。

河湾一缕微风，吹散了炎炎的小暑。幼儿在教师的带领下走进大自然，欣赏仲夏美景。层层涟漪激起了幼儿的绘画灵感，他们拿起画笔描绘盛开的荷花，有粉色的、红色的，还有不少含苞待放的

夏
xia

花蕾上立着蜻蜓；听，呱呱呱，小青蛙也来庆祝夏天的到来呢！

◎ 小暑·茶品推荐——百香果蜜茶

百香果茶酸甜可口，其中更含有大量的维生素A和维生素C，可以有效地改善孩子因小暑天气炎热而导致的食欲不振、大便干燥的情况。

◎ 茶语时光·体验——创意莲蓬画

【活动领域】

艺术、科学、社会

【活动目标】

1. 感受莲蓬的姿态美，尝试用泡泡、添花等方式创作莲蓬画。

2. 学会吹泡泡，感受用泡泡创作的快乐。

【活动过程】

1. 教师提前准备颜料、洗洁精、清水、一次性纸杯、吸管、画纸、画笔。

2. 教师引导幼儿将3滴颜料、一勺洗洁精、60mL清水放入一次性纸杯中混合，然后用吸管吹出泡泡。

3. 幼儿分组合作，将吸管吹出来的泡泡点到画纸上，重复操作，晕染出莲蓬的图案；再用画笔勾勒出莲蓬的形状或创作其他装饰画。

4. 将完成的画装裱，让幼儿展示他们创造出来的独特作品。

【延伸与分享】

介绍自己的作品，共同带着作品装饰教室环境，体验动手创作的乐趣。

夏
xia

◎ 客来敬茶·茶礼仪——站姿

　　双脚并拢，身体挺直，头部上顶、下颌微收，眼平视，双肩放松。女士双手虎口交叉（右手在左手上），置于胸前。男士双脚呈外八字微分开，身体挺直，头部上顶、下颌微收，眼平视，双肩放松，双手交叉（左手在右手上），置于小腹部。

大暑

蝉声朗朗　暑气洽浓

传说故事

囊萤夜读

古时候,有一个叫车胤的孩子,他学习非常刻苦,却因为家境贫困,没钱买灯油,所以一到晚上,就不能继续读书了。在一个夏天的夜晚,车胤坐在院子里默默背诵白天所读的文章,突然发现院子里有一些飞翔的小亮光,仔细一瞧,原来是萤火虫。车胤灵机一动:"如果把这些发光的虫子收集起来,不就可以给我照亮了吗?"于是,他立马翻出一只布口袋,抓了数十只萤火虫放入袋中,做成了一盏别致的"萤火虫灯"。

车胤将"萤火虫灯"拿进屋内,果然能看清书上的文字。他长大以后,才华横溢又为人公正,为国家做出了巨大贡献。从此以后,"囊萤夜读"的故事,也流传为与大暑时节有关的一段佳话。

时光印痕
相遇二十四节气

大暑是夏季的最后一个节气，二十四节气中的第十二个节气。交节时间在每年公历的7月22日至24日，太阳黄经达120°。

大暑时节相较于小暑而言，气候更加炎热，这个时节在一年当中温度最高。这一时节的明显特征还有台风频繁、潮湿多雨等，虽然气温湿热难耐，但是对农作物而言是极为有利的，农作物在这一时节成长的速度最快。

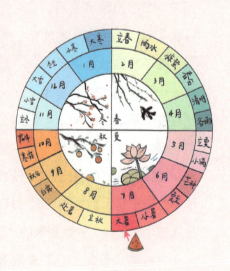

◎ 三候

一候腐草为萤：古人认为，萤火虫是腐草所变，当萤火虫在夜里出现时就意味着秋天快到了。

二候土润溽暑：大暑时节天气闷热，土壤变得潮湿，大地像一个巨大的蒸笼。

三候大雨时行：这一时节雨热同期，随时都会降大雨。

夏
xià

◎ **习俗**

烧伏香：大暑时节气温最高、农作物生长最快，大部分地区的旱、涝、风灾也最为频繁，因此百姓在此期间烧香祈福，祈求风调雨顺、五谷丰登。

饮伏茶：伏茶是三伏天喝的茶，一般由金银花、夏枯草、甘草等十多味中草药煮成。

晒伏姜：在伏天把生姜切成片或者榨成汁蒙上纱布，放在太阳底下晾晒。

◎ **活动一：激情打水仗**

【活动领域】

社会

【活动目标】

1. 用充气游泳池作为幼儿的玩水场地，让幼儿感受玩水的乐趣。

2. 知道珍惜水资源，养成节约用水的意识。

【活动过程】

1. 提前请家长准备好雨衣、水枪、游泳镜等戏水用品。

2. 教师做好安全教育，让幼儿知道打水仗的规则，懂得如何保护自己。

3. 戏水活动开始前要让幼儿充分热身,后背微出汗再下水。

4. 回到班级后要及时更换衣服、吹干头发,并喝适量姜水驱寒。

【延伸与分享】

1. 组织一次节约用水活动,并鼓励幼儿积极参与和宣传保护水资源的行动。

2. 幼儿分享游戏的过程,感受其中的乐趣。

◎ 活动二:叠纸船

【活动领域】

艺术

【活动目标】

1. 了解对角折和对边折的方法,知道折纸船的步骤。

2. 体验折纸的乐趣,愿意帮助动手能力较弱的同伴。

【活动过程】

1. 了解纸船的外形特征,细致观察不同类型的纸船。

夏
xia

2. 教师准备卡纸、水盆、画笔等，幼儿选择自己喜欢的卡纸跟着教师一起折纸船。

3. 将折好的纸船用画笔进行装饰，然后将纸船放到水池里用手指划水让纸船动起来。

4. 回家和爸爸妈妈一起分享制作的过程，感受其中的乐趣。

【延伸与分享】

1. 将幼儿的作品摆放至活动室内，并与同伴分享。

2. 到阅读区了解更多船的知识。

诗情绘意

◎ 诗词推荐

夏 意

〔宋〕苏舜钦

别院深深夏簟清，石榴开遍透帘明。

树阴满地日当午，梦觉流莺时一声。

推荐理由：小暑大暑，上蒸下煮。在这个炎热的盛夏，诗中作者描绘的小院却是清幽之地，微风拂面，阵阵凉爽。一起走进古诗，感受诗中蕴含的静谧、清凉吧。

时光印痕
相遇二十四节气

◎ **绘本推荐**

《魔法的夏天》

推荐理由：最美好的事情莫过于兄弟俩一起度过暑假，在这个夏天，他们会发生哪些有趣的事情？又怎么理解"魔法的夏天"呢？通过一次有趣的暑假之旅，和孩子一起体验夏天的精彩吧。

◎ **活动示例**

【活动领域】

艺术、语言

【活动目标】

1. 欣赏、诵读古诗《夏意》，感受诗中盛夏炎热之时，小院深深，曲径通幽的静怡之意。

2. 阅读绘本《魔法的夏天》，鼓励幼儿在生活中发现更多有趣的事情。

3. 体验与小伙伴一起捉虫、爬树、淋雨等趣事，并在玩耍的过程中养成良好的生活习惯。

【活动过程】

1. 幼儿有感情地朗读古诗，感受古诗中别院深深、绿荫满地的惬意。

2. 愿意跟随音乐，创编自己喜欢的动作，边唱边跳。

3. 通过阅读绘本，体验夏天的有趣，感受大自然带给我们的幸福快乐时光。

夏
xià

【延伸与分享】

1. 鼓励幼儿将古诗内容以绘画的形式表现出来。

2. 利用家园合作,带领幼儿做更多充满童趣的事情,体验别样的夏天。

大暑时节,窗外绿荫遍地,教师和幼儿一起寻找夏天之趣,他们挥舞画笔,画出自己的向往:烈日炎炎,伴着蝉的歌声,我们在树下乘凉、扑流萤、做游戏,真是开心极了!

◎ 大暑·茶品推荐——杨梅荔枝茶

清风不肯来,烈日不肯暮。大暑时节天气炎热,特别容易出现中暑的现象,杨梅鲜果能开胃生津、消食解暑,荔枝清香甜口,搭配饮之是夏季祛暑之良品。

◎ 茶语时光·体验——夏晒冬藏

【活动领域】

社会、健康

【活动目标】

1. 了解橘子皮的多种功用，知道橘皮对身体的益处。

2. 收集橘子皮，了解制作陈皮的步骤和方法。

【活动过程】

1. 进入橘子成熟的季节，幼儿在园中吃橘子时，教师引导幼儿收集橘子皮，将剥下的橘子皮放入竹籔箕中。

2. 幼儿合作将收集的橘子皮拿到户外，放到阳光照射充足的地方。

3. 幼儿轮流，每隔2小时去给橘子皮翻面，摸一摸它的硬度，感受一下它的干湿度。

4. 等完全晒干水分后，即可放入罐中保存。

【延伸与分享】

一起晾晒橘子皮，观察橘子皮的变化，记录橘子皮每个时间段

夏

xia

的特点，体验夏晒冬藏活动带来的乐趣。

◎ 客来敬茶·茶礼仪——坐姿

端坐椅子中央，双腿并拢；上身挺直，双肩放松；头正，下颌微敛，舌尖抵下颚；眼可平视或略垂视，面部表情自然。

秋

落叶知秋 微风徐来

立秋

暮云收夏色　万物悦秋声

传说故事

一叶知秋

"梧桐一叶落,天下尽知秋。"相传凤凰非梧桐不栖,在院子里栽上一棵梧桐树,不但能了解季节的变化,还可能引来凤凰,所以古代的皇宫里会种上许多梧桐树。到立秋这天,太史官早早就守在了宫廷的中殿外面,眼睛紧紧盯着院子里的梧桐树。一阵风吹来,第一片树叶离开枝头,太史官立即高声喊道:"秋来了。"于是一人接着一人,大声喊道:"秋来了。秋来了。"秋来之声瞬时传遍宫城内外。

后来,有位诗人还特地写道:"睡起秋色无觅处,满阶梧桐月明中。"夜晚听见秋风萧萧,起床后看见落满台阶的梧桐叶,沐浴在清朗的月光中。一叶便知秋,从落下的梧桐叶,我们就知道凉爽的秋天要到来啦。

时光印痕
相遇二十四节气

小百科

立秋是二十四节气中的第十三个节气，秋季节气中的第一个节气。

立秋的交节时间是每年的8月7日至9日，此时北斗七星的柄指向西南，太阳达到黄经135°。

立秋是古代的"四时八节"之一，在这天民间会祭祀土地神，庆祝丰收，还有"贴秋膘""咬秋"等习俗。

◎ **三候**

一候凉风至：立秋过后的风会让人感觉到凉爽。

二候白露降：早晨大地上会有雾气产生。

三候寒蝉鸣：寒蝉在秋天感到阴冷开始鸣叫。

秋
qiu

◎ 习俗

啃秋：又称"咬秋"，烈日炎炎，酷热难熬，立秋时吃西瓜、香瓜被称为"咬秋"，以防秋燥。

贴秋膘：秋风起，天气转凉，人们的胃口大开。为抵御寒冷，从立秋这天开始多吃烤肉、炖肉、红烧肉，给自己增增膘！

晒秋：人们利用房前屋后及自家屋顶晾晒、悬挂农作物，久而久之演变成传统农俗。

◎ 活动一：多吃水果

【活动领域】

健康

【活动目标】

1. 了解初秋时有哪些水果成熟，知道多吃水果对身体有益。

2. 知道水果有丰富的营养，尝试用语言来描述各种水果的营养价值。

【活动过程】

1. 让幼儿了解并认识应季的各种水果。

2. 教师为幼儿准备盘子、勺子、幼儿用水果刀及初秋应季水果，如西瓜、杧果、梨等。

3. 教师指导幼儿清洗水果并削皮，再用自己喜欢的方式制作水果拼盘。

4. 体验和同伴一起品尝水果的乐趣。

【延伸与分享】

1. 提醒幼儿吃水果前要洗手，尝试品尝不同的水果，丰富营养膳食，还要养成不浪费的好习惯。

2. 提供各种水果卡片，让幼儿认识不同种类的水果，进行创意水果秀。

◎ 活动二：贴秋膘

【活动领域】

健康

【活动目标】

1. 喜欢参加节气活动，对节气活动感兴趣。

2. 知道立秋节气"贴秋膘"的习俗，感受美食带来的愉悦心情。

【活动过程】

1. 教师通过欣赏图片、观看视频引导幼儿了解秋天"贴秋膘"的意义。

2. 教师准备好米饭、油菜、排骨等食材。

3. 幼儿清洗食材，同教师一起动手制作香喷喷的排骨饭。

4. 与同伴一起品尝自己参与制作的美食。

【延伸与分享】

1. 幼儿一起讨论并投票选出秋天适合吃的蔬菜与水果，并说说自己的想法。

2. 充分发挥家园共育的作用，帮助幼儿养成良好的进餐习惯，并教育幼儿珍惜粮食，使幼儿懂得粮食来之不易。

◎ 活动三：树叶粘贴画

【活动领域】

艺术

【活动目标】

1. 观察树叶的不同形态，根据树叶的形状进行想象，大胆创作。

2. 尝试用不同的树叶粘贴组画，呈现出有情节的画面。

3. 促进幼儿萌发热爱秋天、热爱大自然的情感。

【活动过程】

1. 幼儿欣赏并观察树叶的颜色、形状。

2. 准备好各种形状的落叶、彩色卡纸、固体胶、彩色画笔若干，让幼儿思考树叶能拼成什么形状，并自主探索树叶粘贴的方法。

3. 幼儿自由创作，教师观察、指导。

4. 鼓励幼儿大胆展示自己的作品，体验动手创作的乐趣。

【延伸与分享】

1. 幼儿一起去户外寻找秋天的气息，去观察、触摸、探索自然环境的变化，进一步体验立秋节气的美好。

2. 通过观察各种形态与颜色的叶子，结合对树叶粘贴画的欣赏，幼儿一起分享自己的创意。

诗情绘意

◎ 诗词推荐

秋 夕

〔唐〕杜牧

银烛秋光冷画屏，轻罗小扇扑流萤。

天阶夜色凉如水，卧看牵牛织女星。

推荐理由：暑去凉来，立秋过后，刮风时就会感觉到凉爽，一起跟随诗人在秋天的夜晚用小扇扑萤火虫，坐在冰凉的石阶上凝望

秋
qiu

星空，感受立秋后的凉爽天气吧！

◎ 绘本推荐

《14只老鼠大搬家》

推荐理由：14只老鼠组成的大家庭其乐融融。通过这本绘本，幼儿跟随"小老鼠"进入它们的世界，和"小老鼠"共同体验立秋的变化，发现秋天独特的自然之美。

◎ 活动示例

【活动领域】

艺术、语言

【活动目标】

1. 诵读古诗《秋夕》，感受入秋之后的节气特点以及立秋后的天气与夏天时的不同之处。

2. 阅读绘本《14只老鼠大搬家》，学习小老鼠群策群力共同动脑克服困难的智慧与精神。

3. 感受立秋后夜晚气温的变化。

【活动过程】

1. 幼儿诵读古诗《秋夕》，聆听自己心中"萤火虫的声音"，想象"轻罗小扇扑流萤"的动态景象。

2. 配合美妙的音乐，愿意跟随古诗律动，初步感知古诗表达的情感，引发对秋的无限遐想。

3. 阅读绘本故事，感受小老鼠积极的生活态度和秋天自然万象的变化。

【延伸与分享】

1. 鼓励幼儿将古诗内容以绘画的形式表现出来。

2. 展示立秋后夜晚的景象，感受秋夜渐凉。

立秋时节，带领幼儿感受立秋早晚的凉风，夜晚拿着扇子扑打萤火虫，是一件十分有趣的事情。坐在石阶上，抬头看着夜空中闪闪的星星。快快挥动画笔记录下这夏秋之际的萤火之光吧。

◎ 立秋·茶品推荐——桂花茶

立秋时节，桂花香飘。随着天气转凉、昼夜温差变大，饮用桂花茶可以温补阳气、止咳化痰、养生润肺，排解体内毒素。

◎ 茶语时光·体验——桂花糕

【活动领域】

社会、健康

【活动目标】

1. 了解桂花的作用，体验制作桂花糕的过程及成功的喜悦。

2. 尝试运用揉、搓、团等技能制作桂花糕。

【活动过程】

1. 教师提前准备好糕点模具、200g黏米粉、80g糯米粉、150g牛奶、干桂花、65g豆沙、过筛器。

2. 幼儿把面粉和牛奶倒入模具里混合均匀，用筷子搅成絮状，再用手搓成粉状，过筛到模具里（这一步要有耐心，最好用网眼稍大的筛子，会快一些）。

3. 幼儿把面粉放入模具中，在中间的位置放入5g豆沙馅，再放入面粉，把豆沙包裹住。

4. 幼儿合作把糕体脱模。教师把幼儿做好的糕体放入提前烧开水的蒸锅内，大火蒸25~30分钟。

5.糕香弥漫，静待品尝。幼儿在每块糕点上撒上干桂花，甜甜糯糯的桂花糕就完成啦。

【延伸与分享】

将桂花糕蒸熟并品尝，可以与其他班级的小朋友一起分享，在体验动手制作的同时感受分享的快乐。

◎ 客来敬茶·茶礼仪——侧提壶法

除大拇指外其余四根手指一起穿过把手，大拇指放在上方，另一只手用茶巾托住壶底同时用力，就可以让茶壶顺畅地倒出水了。注意在倒水时，食指和中指不要接触到壶身部分，这样就不会烫手了。

离离暑云散　袅袅凉风起

处暑

传说故事

共工与祝融

很久以前，万物初生，人间一片祥和。秋去冬来，天气逐渐寒冷，很多人因无法抵御寒冷而死去。火神祝融看见大地上的人们饱受饥寒之苦，就

教他们用火来加热食物、取暖等，祝融因此受到人们敬仰。

水神共工看到人们十分崇敬火神，很不满意，他对祝融说："水和火同样重要，为什么大家只崇敬你？"不久，共工带兵向祝融发起挑战，他调来大海的水冲向祝融的宫殿，转眼间大地陷入一片黑暗。祝融一气之下和共工打了起来，用烈火蒸发了大半的水，共工被打得头昏眼花。

羞恼之下，共工向着不周山一头撞了上去，不周山被撞倒了，天河里的水喷涌而出，世界陷入一片混乱，祝融与共工犯下大错，被天帝下令处死。

此后，人们把处死祝融这天称为"处暑"，并会在处暑这天往水里放河灯，悼念亡故的亲人。

秋
qiu

小百科

处暑是二十四节气中的第十四个节气，也是秋季节气中的第二个节气。

处暑交节时间在每年的8月23日前后，此时太阳处于黄经150°。

处暑是反映气温变化的节气，"处"字有"出、结束"的意思，"处暑"就代表着炎热的夏天即将结束，凉爽的秋天就要到来了。

◎ 三候

一候鹰乃祭鸟：老鹰这个时节开始大量捕猎鸟类。

二候天地始肃：天地出现空寂的景象，万物开始凋零。

三候禾乃登：麦、稷、稻、粱等农作物开始丰收。

◎ 习俗

放河灯：河灯也叫"荷花灯"，中元夜放在江河湖海之中，向海神祈保平安，以及表达对逝去亲人的悼念和对活着的人们的祝福。

吃龙眼：处暑过后进入秋天，此时讲究"补气""补血"，要避免吃凉性食物；龙眼偏温性，有益心脾，可以滋补养气。

◎ 活动一：绘画秋天

【活动领域】

艺术

【活动目标】

1. 引导幼儿观察、欣赏秋天的美。

2. 大胆运用各种方式和材料将秋天的特征表现出来。

3. 培养幼儿的欣赏能力。

【活动过程】

1. 展示幼儿与家长共同外出秋游时的照片，让幼儿与同伴一起欣赏秋天的美景，并大胆表达自己对秋天的认识。

2. 幼儿准备绘画本、画笔等材料，根据自己对秋天的认识，大胆运用各种颜色自由创作，表现出秋天的特征，教师观察指导。

3. 幼儿展示作品并欣赏。

【延伸与分享】

引导幼儿在生活中观察秋天的变化，培养幼儿热爱大自然、乐于亲近大自然的情感。

◎ 活动二：踏秋

【活动领域】

健康

【活动目标】

1. 喜欢参加节气活动，对节气活动感兴趣。

2. 知道处暑的节气特点，体验踏秋带来的乐趣。

【活动过程】

1. 幼儿和家长一起准备水杯、消毒用品、出行工具等，根据活动当天气温准备舒适且适宜的衣物。

2. 在父母的陪同下一起去小菜园、公园、广场等场所，感受大自然因季节更替而产生的变化。

3. 体验和父母、同伴共同外出游玩的乐趣，从中学习到团结互助，学会关心他人。

【延伸与分享】

1. 鼓励家长帮助幼儿回忆自己的发现，并将秋游的照片带到幼儿园，和伙伴分享。

2. 幼儿将自己秋游时有趣的事情用笔画下来，张贴在主题墙上互相欣赏。

诗情绘意

◎ 诗词推荐

悯 农

〔唐〕李绅

春种一粒粟，秋收万颗子。

四海无闲田，农夫犹饿死。

推荐理由：勤劳的农民春天在地里种下种子，秋天就能获得丰收，让我们走进诗中丰收的农田，一起看看大丰收的样子，体验秋天收获的美好，让幼儿懂得有付出才会有收获的道理。

秋
qiu

◎ 绘本推荐

"中国二十四节气绘本故事"之《处暑》

推荐理由：春种秋收，四季变换，鼠爷爷一家勤劳耕作，享受收获的温暖。通过这本绘本让幼儿了解处暑的节气特点，体会农作物丰收的喜悦。

◎ 活动示例

【活动领域】

艺术、语言

【活动目标】

1. 欣赏、诵读古诗《悯农》，体验秋天收获的美好。

2. 阅读绘本"中国二十四节气绘本故事"之《处暑》，理解故事内容。知道处暑节气标志着天气已不再炎热，凉爽的秋天已来临。

【活动过程】

1. 幼儿有感情地朗诵古诗《悯农》，懂得粮食来之不易，要节约粮食。

2. 跟随古诗新唱的旋律，创编舞蹈动作，边唱边表演。

3. 通过阅读绘本故事"中国二十四节气绘本故事"之《处暑》，感受处暑时节气温的变化以及丰收的喜悦。

【延伸与分享】

1. 鼓励幼儿将古诗内容以绘画的形式表现出来。

2. 体会农民在烈日当空的正午劳作的不容易，知道"粒粒皆辛苦"的真切意义。

处暑时节，幼儿通过画笔将秋天丰收的美丽景象记录了下来。春天在地里播下种子，经过用心的培育，秋天就能收获果实，让幼儿体会秋收的喜悦。

◎ 处暑·茶品推荐——菊花茶

处暑时节，天气炎热，易积食上火、眩晕，适当饮用些菊花茶可以疏散风热、平抑肝阳、清肝明目。

◎ 茶语时光·体验——菊花茶

【活动领域】

社会、语言、健康

【活动目标】

1. 通过欣赏菊花，让幼儿感受秋天的美丽。

2. 了解沏茶过程，品尝并表达对花茶的感受。

【活动过程】

1. 教师提前准备好干菊花、85℃~90℃的水、茶壶、茶杯、取茶工具。

2. 烫杯。在冲泡菊花茶前，教师先将玻璃杯放入茶洗中，加入沸水将玻璃杯烫洗干净，对玻璃茶具进行消毒，清洗完毕取出玻璃杯时可佩戴手套，避免烫伤。

3. 洗茶。此步骤教师与幼儿可共同操作，用茶匙取5g左右的菊花投入茶壶，注入温度合适的水冲泡，同时用茶匙快速搅拌，3秒后把茶汤倒掉，将菊花中的杂质清洗干净。

4. 泡茶。幼儿往玻璃杯中注入温度合适的水，冲泡2~3分钟后，茶水会变成微微的黄色，散发出浓郁的茶香，这个时候就可以饮用了。

5. 幼儿分杯品尝，细嗅茶香，分享泡茶的乐趣。

【延伸与分享】

引导幼儿在泡茶的过程中观察菊花的形态变化，感受泡茶所带来的趣味，品味独特茶香，体验亲自动手的乐趣。

◎ 客来敬茶·茶礼仪——执壶法

用右手提起壶把,左手食指和中指按住壶钮。

凉风至　白露生

白露

传说故事

大禹治水

在很久以前,每当遇上发洪水,老百姓就苦不堪言。当时的统治者尧派禹去治水。禹通过实地勘测,发现一座大山阻挡了水的流通,所以才会发生水灾。禹回到部落里,召集村民商量挖山事宜,大家都不赞成禹的想法,对他的议论也越来越多,但禹还是带着一部分人行动起来了。禹和部落里的人忙着挖山,三次路过家门都没有进去看望他的妻子和孩子,百姓知道禹三过家门而不入的事情后感到很钦佩,于是越来越多的百姓加入挖山的队伍之中。

终于,在他们坚持了十三年后,山脚下被挖出了一个通道,河水顺着通道涌入了大海。从此以后,人们学会了疏导河水的方法,禹治理水患的功绩被大家传颂至今。为了纪念大禹治水的功绩,人们尊称禹为"禹神",每到白露时节都会举行祭祀活动来纪念他。

秋
qiu

白露是二十四节气中的第十五个节气,秋季节气中第三个节气。

白露交节时间在每年的9月8日前后,此时太阳处于黄经165°。

白露时节早晚温差比较大,气温降低,水汽会在地面

或近地物体上凝结形成白色水珠,此称作白露。白露时节白天温度依旧很高,但是晚上温度已经很低了,昼夜温差大,所以要注意防寒保暖。

◎ 三候

一候鸿雁来:鸿与雁是两种不同的鸟,二月北飞,八月南飞。

二候玄鸟归:燕子等候鸟南飞避寒过冬。

三候群鸟养羞:各种鸟类开始储存干果粮食,为过冬做准备。

◎ 习俗

吃番薯：民间认为吃番薯可缓解饭后胃酸，故农家喜在白露节吃番薯。

喝白露茶：此时的茶树经过夏季的酷热，白露前后再次进入生长的极好时期。白露茶有一种独特的甘醇清香味。

◎ 活动一：食番薯

【活动领域】

健康

【活动目标】

1. 认识番薯，了解其生长环境及部分特征。

2. 知道番薯可以制作出多种美食，乐于动手制作，同时萌发珍惜粮食的情感。

【活动过程】

1. 幼儿通过欣赏图片、观看视频的方式，了解不同种类的番薯生长的环境及外形特征。

2. 幼儿动手清洗番薯。

3. 幼儿用工具将番薯切成块状后，在教师帮助下放到蒸锅中蒸熟。

4. 一起品尝蒸番薯。

【延伸与分享】

1. 幼儿一起动手水培番薯，观察番薯每一天的变化。

2. 鼓励幼儿将番薯每日的生长变化用绘画的形式表现出来，激发幼儿对番薯的好奇心和探索欲望。

◎ 活动二：收清露

【活动领域】

科学

【活动目标】

1. 了解白露节气的气候变化，知道清露是怎样形成的。

2. 喜欢参加集体活动，并在探究活动中寻找和发现收集清露的方法。

【活动过程】

1. 观看白露节气视频，了解白露节气特点、天气特征及习俗，知道清露形成的原因。

2. 准备好放大镜若干、各种容器等材料，并利用容器进行收集。

3. 在集体活动中，能感受到大家一起寻找清露、收集清露带来的乐趣。

【延伸与分享】

1. 鼓励幼儿将收集清露的过程用多种形式记录下来。

2. 将自己的感受与小朋友们分享，一起探讨收集清露时遇到的问题与解决方法。

◎ 活动三：绘画秋天

【活动领域】

艺术

【活动目标】

1. 认识一些农作物，知道秋天是丰收的季节，感受秋天的多样性。

2. 鼓励幼儿大胆运用多种材料展示丰收的果实，激发幼儿动手操作的欲望。

3. 教育幼儿尊重广大农民的劳动，珍惜劳动成果。

【活动过程】

1. 教师准备水彩笔、水粉颜料、白乳胶、卡纸等材料。

2. 幼儿和同伴一起到院子里去寻找秋天的踪迹，发现菜园中农作物的变化。

3. 幼儿合作对成熟的农作物进行收割，体验秋收的乐趣。

4. 鼓励幼儿将收割的农作物以及寻找到的其他秋天的景象利用画笔、轻黏土、水墨等方式大胆记录下来，教师观察、指导。

5. 完成创作后，幼儿共同展示、欣赏、交流作品。

【延伸和分享】

1. 利用周末的时间，到户外寻找秋天的足迹并拍照记录，与小朋友一起分享自己眼中的秋天。

2. 亲身体验农民丰收时的忙碌，感受秋天丰收的喜悦。

时光印痕
相遇二十四节气

诗情绘意

◎ 诗词推荐

蒹 葭

〔先秦〕佚名

蒹葭苍苍，白露为霜。

所谓伊人，在水一方。

溯洄从之，道阻且长。

溯游从之，宛在水中央。

推荐理由：这是一首关于白露节气的古诗。清晨的露水变成霜，白露时节暑气渐消，秋高气爽的好天气悄然来到，让我们跟随作者来到长满芦苇丛的水边，看一看雾气蒙蒙的水面，去找寻白露时节大自然带来的无限美感。

◎ 绘本推荐

"中国二十四节气绘本故事"之《白露》

推荐理由：鼠弟弟和小燕子是好朋友，可是白露过后，小燕子一家要去南方过冬了，鼠弟弟只好与小燕子依依不舍地告别。这本

秋
qiu

绘本可以让幼儿了解白露的节气特点：闷热的暑天结束了，天气逐渐变凉。

◎ 活动示例

【活动领域】

艺术、语言

【活动目标】

1. 欣赏、诵读古诗《蒹葭》，感受白露时节的清秋美。

2. 阅读绘本"中国二十四节气绘本故事"之《白露》，感知时节的变化。

3. 喜欢跟同伴一起参与白露节气的探究活动，分享快乐，感受白露节气的意境美。

【活动过程】

1. 幼儿用自己喜欢的声音朗诵古诗，品味诗词中白露时节自然界的更替。

2. 通过情景表演加深对古诗的理解，表达对白露节气的喜爱。

3. 通过阅读绘本故事"中国二十四节气绘本故事"之《白露》，感受一年中最温和、最具诗意的季节。

【延伸与分享】

1. 鼓励幼儿将古诗内容以绘画的形式表现出来。

2. 感受白露节气后昼夜长短和昼夜温差的变化。

清晨的草木上有了晶莹的露珠，像珍珠一样，绿色的叶子轻轻摆动，露珠闪闪发光。孩子们通过画笔将白露节气的清冷景象记录下来，更真切地感受到秋天的美。

◎ 白露·茶品推荐——蜂蜜柚子茶

蜂蜜柚子茶，甜而不腻，暖在心中。甜甜的蜂蜜将柚子的苦涩冲淡了几分，茶中丰富的维生素和各种无机盐不仅有助于消化，增加食欲，还可以清热去火、止咳化痰。

秋
qiu

◎ 茶语时光·体验——蜂蜜柚子茶

【活动领域】

社会、健康

【活动目标】

1. 初步了解蜂蜜柚子茶的制作方法。

2. 尝试动手制作蜂蜜柚子茶,体验制作柚子茶的乐趣。

【活动过程】

1. 教师提前准备好柚子、200g冰糖、1g盐、100mL清水、200g蜂蜜、茶具。

2. 清洗柚子。幼儿用盐把柚子表皮搓洗干净,并给柚子削皮,尽量去掉白瓤,削下来的柚子皮越薄越好。

3. 在教师的帮助下幼儿把柚子皮切成细细的丝,用盐水浸泡1小时左右;把浸泡后的柚子皮放入锅里煮5分钟,然后倒出来清洗干净。反复煮3次,目的是去除柚子皮的苦味。

4. 幼儿把柚子肉里边的籽去掉,掰成小块备用。

5. 教师在锅中倒入清水、冰糖、柚子皮细丝、柚子果肉,开小火将其熬至黏稠,放凉后加入蜂蜜搅拌均匀即可。

6. 幼儿分杯品茶,茶香浓郁,体验动手制作的快乐。

【延伸与分享】

幼儿分享制作时的感受以及柚子茶的味道,感受茶的清香、甜蜜。

◎ 客来敬茶·茶礼仪——有柄茶杯取法

右手食指和中指勾紧杯柄,再用左手指尖轻轻托起杯底。

暑退秋澄　金气秋分

秋分

传说故事

后羿与嫦娥

相传在古代的时候，一共有十个太阳，每十天轮流当值一次。有一天，十个太阳同时出现在天空之中，人们在炎热的土地上寸步难行。就在这时，
有一个叫后羿的神箭手不忍心看到人们生活在炎热的大地上，便来到最高的山顶上，将天上的九个太阳都射了下来，只剩下最后一个太阳，每天按时东升西落，维持万物生存，人间重新恢复勃勃生机。后羿立下了盖世功劳，百姓都很尊重他，有很多人慕名而来。这时有一个叫逄蒙的人趁机混进后羿的徒弟中，八月十五，后羿外出打猎，逄蒙拿剑逼迫嫦娥把后羿的长生不老药交出来，嫦娥情急之下，一口吞下了不老药。

吃下药后，嫦娥的身体慢慢飘了起来，飞到了月亮上。到了第二天，百姓听说嫦娥的事情，都纷纷摆好祭台，祈求上天保佑嫦娥平安。因为嫦娥奔月这天刚好是八月十五中秋节，人们便把八月十五过后的日子称作秋分。

秋
qiu

秋分是二十四节气中的第十六个节气，秋季节气中的第四个节气。

秋分交节时间在每年的9月23日前后，此时太阳已到达黄经180°。

秋分的"分"就是平分，除了昼夜等长还有平分秋季的含义。秋分是收获农作物的大好时节，人们在秋分时节收获沉甸甸的硕果，国务院也早在2018年公布将每年的秋分日设立为"中国农民丰收节"。

◎ 三候

一候雷始收声：秋分时节阳气渐衰，阴气始盛，所以雷电现象逐渐减少。

二候蛰虫坯户：天气开始变冷，蛰居的小虫开始藏至穴内，并用细软的泥土将洞穴口封起来以抵挡寒气。

三候水始涸：秋季风多且天气干燥，水汽蒸发较快，部分水洼或沼泽因水分蒸发而处于干涸状态。

◎ 习俗

秋祭月：秋分曾是"祭月节"，也就是中秋节，全家人一起边吃团圆饭边赏月，表达对亲人的思念之情。

送秋牛：秋分时节，民间会挨家挨户送"秋牛图"，送图者边送边唱，主要说些秋耕吉祥的话，俗称"说秋"。

品梨汤：秋季是梨子收获的季节，梨汤可以润肺润燥，是秋冬季节不错的饮品。

◎ 活动一：丰收的果篮

【活动领域】

艺术

【活动目标】

1. 了解秋天水果品种的丰富多样，知道秋天是丰收的季节。
2. 引导幼儿体验丰收的喜悦，培养幼儿对秋天的热爱之情。

秋
qiu

【活动过程】

1. 走进自然，让幼儿了解秋天成熟的果实种类及其特点，亲身感受丰收的快乐。

2. 教师准备篮子、铲子、轻黏土、水粉画笔、水粉、画纸等材料。

3. 幼儿自由创作，用各种图案、各种颜色装饰水果篮，感受果篮造型的丰富多彩。

4. 与同伴互相合作制作丰收果篮，体验合作的乐趣。

【延伸与分享】

1. 将幼儿的作品摆放到活动室内，互相交流果篮里有哪些水果。

2. 将果篮带回家和爸爸妈妈一起分享，去大自然寻找更多的秋季水果。

◎ 活动二：绘秋牛图

【活动领域】

艺术

【活动目标】

1. 了解送秋牛是秋分节气的一个习俗。

2. 大胆运用简练的线条和夸张的色彩表现"牛"的不同动作和形态特征。

3. 体验与同伴互相合作、共同绘画的乐趣。

【活动过程】

1. 准备卡纸、白圆纸盘、水彩笔、儿童剪刀、胶水等材料。

2. 幼儿观看视频，然后和同伴分享讨论自己见过的牛。

3. 运用各种材料绘制不同颜色和形态各异的秋牛形象。

4. 幼儿将自己绘制的秋牛拼凑成一幅完整的《秋牛图》，并在图上添加山水花草等各种元素。

5. 感受创作带来的乐趣，激发幼儿对秋收的美好期盼。

【延伸与分享】

1. 分组展示幼儿的作品，让幼儿说一说自己的想法，并互相交流。

2. 将作品摆放至美工室，体验动手创作的快乐。

秋

◎ 活动三：探索昼夜的秘密

【活动领域】

科学

【活动目标】

1. 理解白天和黑夜形成的原因及昼夜等分的秘密。

2. 培养幼儿对探索自然现象的兴趣。

【活动过程】

1. 教师准备地球仪、探照灯、画笔、昼夜调查表等材料。

2. 幼儿把探照灯当作太阳来照射地球仪，理解白天和黑夜形成的原因及转换关系，知道秋分这一天白天和黑夜是一样长的。

3. 让幼儿运用画笔把自己所观察到的画下来，记录到昼夜调查表上。

【延伸与分享】

1. 幼儿回家后和爸爸妈妈探索更多关于昼夜的小秘密。

2. 幼儿分享探索过程中自己的发现，体会发现的乐趣。

诗情绘意

◎ 诗词推荐

山居秋暝（节选）
〔唐〕王维

空山新雨后，天气晚来秋。
明月松间照，清泉石上流。

推荐理由：说起秋，小朋友们会记起秋天的风、雨、水、月，甚至连小石子都是有趣的，一起走进古诗，体会大自然中秋天的美好。

◎ 绘本推荐

《秋天的翅膀》

推荐理由：秋天是四季之中最有韵味的季节，不仅有丰收的果实，还有落叶纷飞起舞。咦，是谁给小动物装上神奇的翅膀？让我们跟随绘本《秋天的翅膀》一起去看一看吧！

秋
qiu

◎ 活动示例

【活动领域】

艺术、语言

【活动目标】

1. 欣赏、诵读古诗《山居秋暝》，感受秋天的美好。

2. 阅读绘本《秋天的翅膀》，初步了解秋日小动物的生长变化。

3. 欣赏秋天美好的景象，培养幼儿热爱大自然的情感。

【活动过程】

1. 幼儿用自己喜欢的声音诵读古诗，体会古诗节奏并大胆说出诗中描绘了哪些景色。

2. 愿意用手指律动的形式表现古诗，感受古诗的意境美。

3. 通过阅读绘本故事《秋天的翅膀》，感受秋天到来时万物的奇妙变化。

【延伸与分享】

1. 鼓励幼儿欣赏古诗的不同表现形式，如歌唱、绘画等。

2. 带领幼儿走进大自然，感受秋天的变化。

秋分时，一叶落而知天下秋。欣赏完古诗，幼儿在教师的带领下走进诗文深处。他们不仅用手中的画笔描绘出层叠的青山，顺流而下的小舟，连荷叶上滚动的露珠都清晰可见……秋的美好跃然纸上。幼儿享受着绘画的乐趣，同时不禁感叹：秋日美好离我们竟如此相近！

时光印痕
相遇二十四节气

◎ 秋分·茶品推荐——乌梅陈皮茶

将乌梅与陈皮一起泡水喝，可以起到生津止渴、涩肠止泻的功效，还可以用来改善脾胃虚寒导致的腹泻、腹胀、食欲不振、恶心、呕吐等情况。

秋
qiu

◎ 茶语时光·体验——乌梅陈皮

【活动领域】

社会、科学、健康

【活动目标】

1. 通过看一看、闻一闻、尝一尝的方式激发幼儿对乌梅陈皮的兴趣。

2. 了解乌梅陈皮茶的功效。

【活动过程】

1. 教师提前准备好6颗乌梅、10g陈皮、冰糖、85℃~90℃的水、茶具。

2. 幼儿分工，先将陈皮与乌梅清洗干净，再将乌梅剪开，陈皮切丝，随后合作将材料倒入水中，用茶匙高速在水中画圈。

3. 教师与幼儿一起操作，将陈皮与乌梅一起放入锅中，注入温度合适的水，再加入冰糖，加盖焖煮10分钟左右，晾温后饮用。

4. 幼儿品味独特茶香，体验合作、分享的喜悦。

【延伸与分享】

教师倒茶汤，幼儿品尝茶汤的味道，并用自己的语言将感受表达出来，提升幼儿的语言表达能力。

◎ 客来敬茶·茶礼仪——无柄茶杯取法

　　右手大拇指和食指紧紧握住茶杯两侧，中指顶住茶杯底部，无名指和小拇指稍稍弯曲。

人间最美清秋天

寒露

荞麦与寒露

很久以前，人间经常会发生饥荒，于是人们就想找一种庄稼，能够在很短的时间内成熟，帮助人们解决饥荒的难题。天上有个叫荞麦的仙女，看到

人间因饥荒饿死了不少人，就从天庭的粮仓里，偷了一粒种子，扔到人间。

没过多久，荞麦偷种子的事情就被玉帝知道了。玉帝非常生气，把荞麦关了起来，并问神仙们可有什么办法弥补。秋神蓐收说，他查到这粒种子夏种秋收，耐寒力弱，只要算好收获时间，给人间安排一场寒潮，就可以抵消荞麦所为。

俗话说"天上一日，地上一年"。当初的那粒种子早已生根发芽，扩散出去了，一场寒潮并没有消除它们。人们利用这种作物度过了很多次饥荒。后来人们为了纪念救命的仙子，就把这种作物叫作荞麦，把寒潮发生的日子称为寒露。

秋
qiu

寒露是二十四节气中的第十七个节气，也是秋季节气中的第五个节气。

寒露交节时间是10月8日前后，此时太阳已到达黄经195°。

这个时节露水更加寒冷，会出现早霜迹象，一些地区即将进入冬天，飘下初雪。天气逐渐转凉，阴阳开始转变，人们要加强身体锻炼，防寒保暖，对农作物也要及时做出保温处理，避免冻伤。

◎ 三候

一候鸿雁来宾：鸿雁排成一字或人字形的队列飞向南方。

二候雀入大水为蛤：深秋天寒，雀鸟都不见了，古人看到海边突然出现蛤蜊，条纹及颜色与雀鸟很相似，便以为是雀鸟变成的。

三候菊有黄华：此时菊花已开始绽放。

习俗

上香山、赏红叶：寒露时节，气温降低催红了枫叶。

登高：重阳节在寒露节气前后，寒露时节宜人的气候十分适合登山。

觅秋茶：秋茶中以正秋茶为最佳，每年寒露的前三天和后四天所采之茶，有一种独特的甘醇清香味。

活动一：有趣的螃蟹

【活动领域】

艺术

【活动目标】

1. 通过观察了解螃蟹的构造，在纸上大胆画出螃蟹的形态。

2. 能根据螃蟹的形态，联系生活进行联想和想象，创造有趣的画面。

【活动过程】

1. 教师准备螃蟹、水彩笔、画纸、"螃蟹的秘密"调查表等材料。

2. 幼儿观察螃蟹的外形特征，通过视频了解螃蟹的生存环境，生活习性等。

3. 将自己所观察到的用绘画的形式记录到"螃蟹的秘密"调查表上。

4. 让幼儿选择自己喜欢的方式来创作螃蟹画。

5. 与同伴分享并介绍自己的作品，体验创作的乐趣。

【延伸与分享】

1. 和伙伴们一起去绘本馆探寻更多关于螃蟹的小知识。

2. 将探寻到的小知识和伙伴们一起分享。

◎ 活动二：树叶画

【活动领域】

艺术

【活动目标】

1. 幼儿能根据树叶的形状展开想象，并进行创意组合制作树叶画。

2. 体验动手创作的乐趣。

【活动过程】

1. 幼儿收集各种树叶并进行观察和探索。

2. 准备好各种颜料、纸张、画笔等材料。

3. 用自己喜欢的方式在树叶上画画，或者在画纸上画出自己喜欢的树叶，并给树叶涂上漂亮的颜色。

4. 与同伴们分享自己创作的树叶画。

【延伸与分享】

1. 去户外收集形态各异的树叶粘贴到主题墙上,和伙伴们一起观察。

2. 将幼儿的作品摆放到美工室内,让他们交流分享自己的创意想法。

诗情绘意

◎ 诗词推荐

池上（节选）

〔唐〕白居易

袅袅凉风动,凄凄寒露零。

兰衰花始白,荷破叶犹青。

推荐理由：这是一首关于寒露节气的古诗。秋风里露水凝结,兰叶衰败,兰花却洁白盛开,莲蓬渐枯,荷叶却依旧青绿,这是秋天的独特风景。一起朗读古诗，感受秋日萧瑟的美景与晚秋的美好吧。

◎ 绘本推荐

《寒露赏菊花》

推荐理由：寒露时节，鸿雁南飞，菊花盛开。山东济南的红叶谷美得令人陶醉，让贝儿一家不舍离去。山东还有哪些美丽的风景？是大海中间的栈桥，还是微山湖秋日盛开的荷花？让我们在绘本《寒露赏菊花》中一边欣赏山东美景，一边博览节气文化吧！

◎ 活动示例

【活动领域】

艺术、语言

【活动目标】

1. 欣赏、诵读古诗《池上》，感知秋天万物的变化。

2. 阅读绘本《寒露赏菊花》，进一步了解寒露的习俗。

3. 培养幼儿热爱大自然的美好情感。

【活动过程】

1. 初步了解作者，感知古诗的韵律美。

2. 能在音乐的伴奏下自由朗诵，感受寒露节气的自然变化，抒发内心的感受。

3. 通过阅读绘本故事《寒露赏菊花》，了解济南深秋的美丽景象，让幼儿学习抒发爱家乡、爱祖国的情感。

【延伸与分享】

1. 鼓励幼儿用绘画的形式表现古诗，抒发感情。

2. 回家和爸爸妈妈分享自己新学的古诗。

秋天的池塘是什么样子的呢？教师带领幼儿走进秋天，幼儿用彩泥大胆创作，让我们看到不一样的"池上"：零星几枝莲蓬静立风中，青绿荷叶依旧拢聚成片，"我"乘坐小船独自欣赏，心情也变得安宁愉悦。秋景历历在目，幼儿沉浸在创作的世界里，奇思妙想喷涌而发。

◎ 寒露·茶品推荐——创意水果茶

金秋时节，果气飘香。将水果洗净，擦干表皮的水分，制作成美味的果茶。快喝上一杯具有生津止渴、润肺清燥、止咳化痰功效的水果茶，感受浓浓秋意吧。

秋
qiu

◎ 茶语时光·体验——创意果茶

【活动领域】

社会、语言、健康

【活动目标】

1. 通过观察、品尝，了解水果的多种吃法。

2. 品味果香，体验动手制作的快乐。

【活动过程】

1. 教师准备好水果（如苹果、梨、橘子、柚子），60℃水、5g盐、果盘、茶具。

2. 幼儿用盐把准备好的水果表皮搓洗干净，再把水果去核切块，此过程教师要关注幼儿安全。

3. 教师与幼儿共同操作，将所有水果放入茶壶中，加入水，大火煮开，再转小火炖煮20分钟，煮好后倒出汤汁，即可饮用。

4. 幼儿品尝甜甜的创意水果茶。

【延伸与分享】

幼儿品茶，并探究其他果茶的制作过程，大胆猜测其他果茶的味道，进一步体验果茶创意制作的乐趣。

◎ 客来敬茶·茶礼仪——品茗杯用法

右手虎口分开，用大拇指、食指握住杯子的两侧，中指抵住杯子的底部，无名指及小指自然弯曲，轻微用力，拿起杯子即可。这种手法也称为"三龙护鼎法"，是品茗杯常用的握杯手法。

柿儿红　霜降浓

霜降

传说故事

柿子的故事

相传,明太祖朱元璋还是孩子时,家境非常贫寒,总是吃不上饭,他只好拿着碗到处乞讨。霜降这天,天气十分寒冷,此时朱元璋已经两天没有吃饭了。他两眼昏花,缓缓地走到了附近的村庄,忽然发现村子里边长着一棵柿子树,树上结满了很多金黄的柿子。他十分高兴,使出浑身的力气去摘树上的柿子。一顿饱饱的柿子餐后,朱元璋一整个冬天都没有生病。后来朱元璋当上了皇帝,某天路过那个小村庄的时候,发现当时的那棵柿子树依然在那里,还结了很多金黄的柿子。朱元璋看着柿子树,又回忆起了小时候的那段经历。

他爬上那棵柿子树,把自己的战袍披在柿子树上,封它为"凌霜侯"。后来百姓都听说了柿子树被封为"凌霜侯"的故事,于是在民间也形成了霜降吃柿子的习俗。

秋
qiu

霜降是二十四节气中的第十八个节气，秋季节气中的第六个节气。

霜降交节时间在10月23日前后，此时太阳位置已到达黄经210°。

霜降时节，天气逐渐寒冷，出现露水凝结成霜的景象，是秋季到冬季的一个过渡。此时不耐寒的农作物都已经被人们收获，大自然和人们都在为迎接冬天而做好保暖防寒的准备。

◎ **三候**

一候豺乃祭兽：随着气温降低，此时豺这类动物开始捕获猎物，储存食物准备过冬。

二候草木黄落：霜降时节大部分的青草、树叶开始变得枯黄、衰败、掉落。

三候蛰虫咸俯：此时蛰居的小虫、冬眠的动物都藏在洞穴中不再活动，开始进入冬眠状态。

◎ 习俗

赏菊：霜降时节，菊花盛开。此时，民间会举行菊花会，以表达对菊花的喜爱和崇敬。

吃柿子：柿子是在霜降前后完全成熟，此时的柿子味道鲜美，且营养丰富，深受广大人民的喜爱。

拔萝卜：山东民谚"处暑高粱，白露谷，霜降到了拔萝卜"，所以山东人霜降喜食萝卜。

◎ 活动一：霜降小实验

【活动领域】

科学

【活动目标】

1. 了解霜降节气的特点、气候特征。

2. 探索霜形成的奥秘。

3. 体验科学观察活动所带来的乐趣。

【活动过程】

1. 幼儿讨论生活中所见过的霜是什么样子的，教师准备干冰、盆、纸杯、毛巾、盐等材料。

2. 幼儿观看视频，了解霜是如何形成的，知道霜花是大自然特有的一种现象。

3. 幼儿动手操作，运用干冰、盐等材料制作出霜花。

4. 通过实验操作，感受科学探究的乐趣。

【延伸与分享】

1. 将探索过程记录下来，对霜的形成有进一步的认识。

2. 和伙伴们分享自己探索过程中的发现。

◎ **活动二：牛奶百合栗子露**

【活动领域】

健康

【活动目标】

1. 了解牛奶百合栗子露的做法，并能动手制作。

2. 体验合作、分享的快乐。

【活动过程】

1. 教师准备百合、栗子、牛奶、西米露、锅等材料和用具。

2. 幼儿了解认识教师所提供的材料，并讨论这些材料可以制作哪些美食。

3. 幼儿以生活经验为基础，通过视频进一步了解牛奶百合栗子露的做法。

4. 根据制作方法，幼儿自己加入食材动手制作香香甜甜的牛奶百合栗子露。

5. 和同伴一起劳动的同时也收获了美食的享受。

【延伸与分享】

1. 将制作过程记录下来，与伙伴们交流讨论。

2. 将制作牛奶百合栗子露的方法带回家，和爸爸妈妈一起动手体验。

◎ 活动三：纸杯菊花

【活动领域】

艺术

【活动目标】

1. 了解纸杯菊花的制作过程，能够动手制作纸杯菊花并进行装饰。

2. 喜欢参加艺术活动，体验制作的乐趣。

【活动过程】

1. 教师准备菊花、纸杯、画笔、儿童剪刀等材料和用具。

2. 观察菊花的形状，幼儿用语言描述自己的发现。

3. 探索不同的分割方式，通过剪直线、卷线条锻炼幼儿手指的灵活性。

4. 运用对比色或者渐变色给纸杯上色，与同伴分享自己的作品。

5. 体验动手制作以及与同伴分享的乐趣。

【延伸与分享】

1. 分组展示自己的作品，并向同伴表达自己的创作想法。

2. 将盆栽菊花摆放在植物角，供幼儿观赏、照料。

时光印痕
相遇二十四节气

诗情绘意

◎ **诗词推荐**

枫桥夜泊

〔唐〕张继

月落乌啼霜满天，江枫渔火对愁眠。

姑苏城外寒山寺，夜半钟声到客船。

推荐理由：这是一首关于霜降节气的古诗。深秋时节，夜晚江边的景色很特别，红色的枫叶格外吸引着小朋友的眼睛，一起走进古诗中观月落、赏渔火、听钟声，感受深秋时大自然的美好意境吧！

◎ **绘本推荐**

《霜降·柿子红》

推荐理由：看，树上的果实是什么？红红的，就像一个个红灯笼，原来是小朋友最喜欢的柿子。霜降后，贝儿一家来到陕西，这次贝儿会有哪些奇妙的经历呢？去品尝陕西名吃臊子面，还是去秦始皇兵马俑看一看？在这深秋，让我们邂逅绘本之美，共享古韵悠长。

秋

qiu

◎ 活动示例

【活动领域】

艺术、语言

【活动目标】

1. 欣赏、诵读古诗《枫桥夜泊》，感受古诗描绘的奇妙景象。

2. 阅读绘本《霜降·柿子红》，理解故事内容。

3. 欣赏深秋的美景，体会大自然的美好。

【活动过程】

1. 诵读古诗《枫桥夜泊》，感知古诗的韵律美和意境美。

2. 愿意朗诵并跟随古诗律动，初步感知古诗表达的情感。

3. 通过绘本故事《霜降·柿子红》，了解晚秋时柿子成熟的自然现象。

【延伸与分享】

1. 和同伴交流学习这首古诗的感受，感知秋天的意境美。

2. 畅想古诗中的情景，并用画笔画出来。

霜降，是秋天的落幕，也是初冬的开始。在这个特殊时刻，我们感受到诗人满腹愁绪，幼儿也通过画笔将心中情感抒发：一棵枫树立于江边，乌鸦在干枯的树枝上唱歌。一处寺庙格外醒目，远处的高山也矗立挺拔。幼儿边绘画边体

会，让感受更加鲜明，让作品更有张力。

◎ 霜降·茶品推荐——百合茶

霜降已至，百合香甜，秋季饮用百合茶能起到止咳平喘、养阴润肺、补中益气的作用。秋末若出现久咳表现，煮上一壶百合茶便可稍微缓解。

◎ 茶语时光·体验——百合栗子露

【活动领域】

社会、语言、健康

【活动目标】

1. 初步了解栗子的特征和用途，体验制作百合栗子露的乐趣。

2. 大胆讲述制作过程的体验与感受，初步锻炼幼儿的语言表达能力。

【活动过程】

1. 教师提前准备好100g百合、400g板栗、50g冰糖、果盘、锅。

2. 幼儿将板栗清洗干净后，教师用刀子在板栗表壳划一刀，然后将其放入开水中浸泡5分钟，趁热捞出剥去外壳。

3. 教师与幼儿可共同操作，将板栗倒入锅中，加入适量的清水，大火煮开后转中小火慢煮20分钟。

4. 将百合洗干净后和冰糖一起加入锅中搅拌均匀，再煮10分钟，关火，不开盖子再焖5分钟，即可食用。

5. 幼儿细品露香，分享制作的喜悦。

【延伸与分享】

幼儿品尝美味，用绘画的形式将制作过程记录下来，并与家人分享。

◎ 客来敬茶·茶礼仪——闻香杯法

一只手先拿起茶杯，然后双手掌心相对，虚拢成合十状，除大拇指外的四指捧住茶杯，放在鼻前嗅闻茶香即可。

冬至雪落　万物收藏

立冬

浓秋未散　悄然立冬

传说故事

好吃的水饺

东汉时期有一个名医叫张仲景,他的医术很高明,很多怪病他都能治好,因此人们都尊称他为医圣。一年冬天,张仲景辞官还乡。当他回到家乡时,看见一些乡亲衣衫褴褛,竟然连耳朵都冻伤了。于是,他便带领弟子在一块空地上支起大铁锅,把羊肉、辣椒和驱寒药材放进锅里煮烂,又把食材捞出来切碎,用面皮包成耳朵的形状,再放入铁锅里煮,张仲景把这种治冻伤的药叫"驱寒娇耳汤"。到冬至那天,张仲景让所有的人都来尝试"娇耳汤"。喝完之后,人们觉得浑身冒汗,两耳发热,就连那冻裂的耳朵不出几日也好起来了。

后来人们为了纪念张仲景这位伟大的神医,每到冬至这一天,就仿着"娇耳"的样子做成饺子吃。随着历史的发展,到现在饺子已经成了人们生活中最常见的一种美食啦。

时光印痕
相遇二十四节气

小百科

立冬是冬季的第一个节气，二十四节气中的第十九个节气。交节时间在每年公历11月7日至8日，太阳黄经达到225°。

"立"表示"开始"，立冬便意味着冬天来了，从古代到现在，立冬一直是一个很重要的节日，人们会举行祭祀等活动。

◎ 三候

一候水始冰：气温变低，水面开始结冰，河面越发纯净安宁。

二候地始冻：土地开始冻结，薄薄的一层霜时隐时现地出现在土地上。

三候雉入大水为蜃：冬天一到，野鸡蛰伏了，而蜃类会大量繁殖。

冬
dong

◎ 习俗

吃饺子：因水饺外形似耳朵，人们认为吃了它，冬天耳朵就不受冻。

贺冬：贺冬亦称"拜冬"，人们穿上新衣服，互相庆贺，一如年节。

补冬："立冬补冬，补嘴空"，立冬这天杀鸡宰羊犒赏一家人的辛苦。

◎ 活动一：酸甜糖葫芦

【活动领域】

健康

【活动目标】

1. 通过观察，了解糖葫芦的形状、颜色等基本结构。

2. 幼儿自己动手串糖葫芦获得生活经验，培养幼儿的动手能力。

【活动过程】

1. 教师提前准备山楂、竹签、锅、白糖、水果若干。

2. 幼儿提前了解冰糖葫芦的制作过程，在教师指导下将水果串入竹签。

3. 用锅熬出糖浆，幼儿将串好的糖葫芦蘸上熬好的糖浆，冷却后即可食用。

4. 和朋友一起分享制作过程，感受其中的乐趣。

【延伸与分享】

1. 画一画不同样式的糖葫芦，并和小朋友分享。

2. 回家制作糖葫芦，并给爸爸妈妈品尝。

◎ 活动二：美味火锅

【活动领域】

艺术

【活动目标】

1. 品尝火锅的美味，知道吃火锅能使身体暖和。

2. 体验大家一起吃火锅的乐趣。

【活动过程】

1. 准备好火锅、蔬菜、丸子、肉、火锅调料。

2. 幼儿绘制出火锅制作步骤图，根据步骤图处理食材和容器。

3. 教师将火锅底料和水倒入锅内，幼儿将准备好的蔬菜、丸子等放入锅中。煮熟后为幼儿分餐，品尝热气腾腾的火锅。

4. 和朋友一起吃火锅，感受其乐融融的氛围。

【延伸与分享】

1. 用轻黏土捏一捏，制作出美味的火锅盛宴。

2. 跟其他小朋友分享火锅的制作过程。

冬
dong

诗情绘意

◎ 诗词推荐

立 冬

〔明〕王稚登

秋风吹尽旧庭柯，黄叶丹枫客里过。

一点禅灯半轮月，今宵寒较昨宵多。

推荐理由：这是一首关于立冬节气的古诗。立冬，万物进入冬眠时节，昨夜听到秋风吹动落叶，感觉今天似乎比昨天更冷一些呢！快让我们一起走进诗中，看一看秋风吹落的树叶，听一听风声，感受初冬的微寒，体会大自然的美好。

时光印痕
相遇二十四节气

◎ **绘本推荐**

《温暖的红手套》

推荐理由：在这初冬，朵朵和姐姐发生的故事，传递着爱与幸福。读完绘本，相信在寒冷的冬日里，你的心里也会洋溢着温暖。带领幼儿走进立冬，观察落叶，听一听风声，感知立冬的美好。

◎ **活动示例**

【活动领域】

艺术、语言

【活动目标】

1. 欣赏、诵读古诗《立冬》，初步了解立冬的节气特点，感受初冬。

2. 阅读绘本《温暖的红手套》，理解故事中朵朵和姐姐所感受到的温暖。

3. 欣赏初冬秋风吹动落叶的景象，培养幼儿热爱大自然的情感。

【活动过程】

1. 幼儿分组有感情地朗诵古诗，并跟随音乐律动，创编动作，表达对初冬的喜爱之情。

2. 教师准备画笔、颜料、画纸等各类材料。

3. 幼儿愿意用绘画、拼搭等方式，自由自主地展示出古诗中的内容，感受古诗中的意境美。

冬
dong

4. 通过阅读绘本故事《温暖的红手套》，感受在寒冷的冬日里朵朵的红手套带来的温暖。

【延伸与分享】

1. 鼓励幼儿将古诗内容以绘画的形式表现出来。

2. 带领幼儿走进大自然，欣赏初冬的景象。

立冬时节，教师带领幼儿走进诗中，寻找初冬。幼儿通过多种形式描绘立冬：片片雪花轻轻落下，有的落入树妈妈的怀抱……幼儿遨游在古诗的王国里，对冬天的幻想被一页页翻开。

◎ 立冬·茶品推荐——红枣枸杞茶

红枣可以安神、补血，枸杞可以养肝、明目。因此，红枣枸杞茶是一道兼具很多功效的养生茶。冬天刚刚拉开序幕，快快煮上一壶红枣枸杞茶，驱寒保暖吧！

时光印痕
相遇二十四节气

◎ 茶语时光·体验——绿茶紫薯糕

【活动领域】

社会、语言、健康

【活动目标】

1. 培养参加节气活动的乐趣；培养幼儿制作点心的兴趣，体验制作成功的喜悦。

2. 初步学习用搓、拉、压、卷的技能制作点心，尝试和出软硬适度的面团。

【活动过程】

1. 教师提前准备好熟糯米粉500g、糖浆200g、绿茶粉50g、食用油150g、紫薯馅若干、儿童刀、模具。

2. 揉捏成团。幼儿将熟糯米粉在桌子上摆成圆圈，圈中依次放入绿茶粉、糖浆、食用油，顺时针揉成面团。在教师帮助下，将面团分剂擀成面皮，包入紫薯馅，用虎口收拢，露出部分紫薯。

3. 改刀刻花。幼儿分工，用儿童刀将面团刻成十字花样式，或根据自己喜爱的样式随意雕刻。

4. 按压成形。幼儿将雕刻好的面团均匀裹上糯米粉防止粘连，再将面团放入模具中，按压出形状即可。

【延伸与分享】

将幼儿制作的点心加工蒸熟，鼓励幼儿与其他班级的教师和幼儿分享，体验制作和分享的乐趣。

◎ 客来敬茶·茶礼仪——有柄杯翻杯手法

右手的虎口向下、反过手来，食指深入杯柄环中，再用大拇指与食指、中指捏住杯柄。左手的手背朝上，用食指与中指轻扶茶杯右侧下部，双手同时向内转动手腕。茶杯翻好之后，将它轻轻地放在杯托或茶盘上。

时光印痕
相遇二十四节气

212

小雪悠悠落

小雪

传说故事

糯米糍粑

在春秋战国时期，有一个叫伍子胥的人，利用自己的聪明才智帮助吴王坐稳江山并修建了著名的阖闾大城，防止被敌人侵略。建成以后，吴王非常高兴，伍子胥却闷闷不乐。伍子胥对身边人说："大王因为太过高兴而忘记忧愁。如果我死后，国家困难，百姓受饿，可在城下掘地三尺，找到充饥的食物。"伍子胥去世不久，越国勾践讨伐吴国。当时天气寒冷，正值小雪节气，城里的人们没有粮食过冬，很多人都被饿死了。有一个人突然想起伍子胥说的话，便从城墙边开始往下挖，果然发现了用熟糯米制成的砖石。原来伍子胥为了防止城中没有粮食，提前把糯米蒸熟压制成了砖石。就这样，大家把糯米砖石敲碎后放到锅中重新蒸煮，一起度过了饥荒。

后来年年丰收，人们还是会用糯米制成砖石。到现在，人们会做糍粑代替砖石纪念伍子胥。

冬
dong

小雪是冬季的第二个节气，二十四节气中的第二十个节气。交节时间在每年公历11月22日至23日，太阳黄经达240°。

小雪并不表示这个节气一定会下雪，小雪来临后，天气会越来越冷，寒潮和强冷空气活动频数较高。

◎ 三候

一候虹藏不见：小雪节气之后，阴气旺盛、阳气隐伏，由于不再下雨，彩虹便不会出现了。

二候天腾地降：小雪节气后，天空中的阳气上升，地中的阴气下降，导致天地不通、阴阳不交。

三候闭塞成冬：天气寒冷，万物失去生机，天地闭塞而转入寒冷的冬天。

◎ 习俗

吃糍粑：糍粑是把糯米蒸熟捣烂后所制成的一种食品，是中国南方一些地区流行的美食。

腌腊肉：小雪后气温急剧下降，是加工腊肉的好时候。

做腊肠：腊肠是广东人最喜欢吃的传统食物，每到小雪节气这天，他们就会亲自动手做腊肠。

◎ 活动一：香甜的糍粑

【活动领域】

健康

【活动目标】

1. 认识、了解糍粑的制作过程。

2. 通过动手制作，体会劳动的喜悦。

【活动过程】

1. 教师准备糯米、面粉、纯牛奶、红糖、白砂糖、豆沙等材料。

2. 通过视频了解制作过程。

3. 将糯米粉倒入盆中，一边加适量温水，一边搅拌。接着将醒好的糯米面团揉圆,分成大小合适的小块。糍粑软软糯糯,可以蒸,可以煎,美味极了。最后,浇上一两勺红糖汁,香喷喷、软糯糯的美味糍粑就可以吃了。

4. 制作中幼儿体验到糍粑的软、黏,还能感受糍粑的脆脆甜甜。

【延伸与分享】

1. 了解小雪吃糍粑的习俗。

2. 品尝糍粑并分享做糍粑的感受,说一说糍粑的特点和制作过程。

◎ 活动二:腌菜

【活动领域】

健康

【活动目标】

1. 喜欢动手操作,感受蔬菜色彩的丰富。

2. 懂得适量吃腌菜有助于消化,解油腻。

【活动过程】

1. 准备盐、腌菜罐子、酱油、蔬菜若干。

2. 幼儿初步了解家乡腌菜的制作过程。

3. 清洗蔬菜,并进行晾晒。

4. 将晾晒好的蔬菜按一层蔬菜一层盐的顺序放入干净的容器内,盖上盖子腌制一周后和朋友一起品尝。

5. 幼儿亲自参与清洗、晾晒、腌制等过程,体验劳动的辛苦和乐趣，感受传统的家乡文化。

【延伸与分享】

1. 品尝腌菜后，说一说它的味道，感受其中的乐趣。

2. 画出腌菜的制作过程，并将作品展示在美工室，和朋友一起参观腌菜的特点和制作过程。

◎ 活动三：落叶书签

【活动领域】

艺术

【活动目标】

1. 感受树叶形状的多样性，体会大自然的美。

2. 培养幼儿亲近自然，勇于探索的能力。

【活动过程】

1. 幼儿准备树叶、彩色卡纸、马克笔、剪刀、塑封膜、挂绳。

2. 观察树叶之间的不同，通过欣赏内容丰富、形式多样的书签，让幼儿感受和发现各种书签的美。

3. 收集可回收利用的生态材料，用不同形式制作创意书签。

4. 一起探索大自然的奥秘，用不同形式大胆表现有关树叶的创意。

【延伸与分享】

1. 感受植物的生命可贵，懂得保护树木。

2. 一起探讨书签的用途和使用方法。

冬
dong

诗情绘意

◎ 诗词推荐

梅 花

〔宋〕王安石

墙角数枝梅，凌寒独自开。

遥知不是雪，为有暗香来。

推荐理由：这是一首关于小雪节气的古诗。诗人笔下的梅花，在凌寒中独自开放，留下阵阵芳香。小雪过后，带领幼儿一起看一看梅花，闻一闻梅花。感受古诗中所表现出来的意境美，体会梅花不畏严寒、凌霜傲雪的品格，感知小雪时节的美好。

时光印痕
相遇二十四节气

◎ **绘本推荐**

《亲爱的雪人》

推荐理由：冰天雪地里，片片雪花化身雪人和小兔子一起做游戏；银装素裹中，一张张明信片化身使者和小兔子做朋友，让我们跟随小雪人，开启一段雪天的奇妙之旅……

◎ **活动示例**

【活动领域】

艺术、语言

【活动目标】

1. 通过诵读古诗《梅花》，了解梅花的特点。

2. 阅读绘本《亲爱的雪人》，了解故事中小雪人和小兔子在寒冷的冬天发生了哪些有趣的事情。

3. 感受梅花独自绽放的美丽，培养幼儿像梅花一样勇敢、坚毅的品质。

【活动过程】

1. 能用朗诵、表演、古诗新唱等形式将古诗展现出来，鼓励幼儿用自己的语言表达对小雪节气的理解和感受。

2. 愿意跟随音乐，边朗诵边用手指点画梅花，感受古诗中的意境美。

3. 通过阅读绘本故事《亲爱的雪人》，了解冬天里雪人的变化，感受小雪人的快乐。

冬
dong

【延伸与分享】

1. 鼓励幼儿将古诗内容以手指律动的形式表现出来。

2. 引导幼儿在美工区用吹、点、画的形式制作梅花。

小雪时节，教师带领幼儿在户外观赏梅花，多元化的感知触发了幼儿的绘画意识。在幼儿的画笔下不仅有立在墙角不惧严寒、傲然独放的梅花，也有在墙角顽皮翘头的梅花。梅花的品质被幼儿描绘得淋漓尽致。幼儿对于冬天的探索也在进行中。

◎ 小雪·茶品推荐——奶茶

奶茶暖暖，小雪不寒。奶茶，制作方法简单，且材料、口味不受限制，很受幼儿的欢迎。将奶与茶煮在一起，再加上自己喜欢的材料，浓浓的奶香伴着淡淡的茶香，与这悠然小雪格外相配。

◎ 茶语时光·体验——醇香奶茶

【活动领域】

社会、健康、语言

【活动目标】

1. 了解小雪节气喝奶茶的益处，让幼儿在快乐中体验，在快乐中成长。

2. 培养幼儿动手制作和团体合作的能力。

【活动过程】

1. 教师提前准备好红茶10g、白砂糖40g、牛奶500mL、干锅、茶杯、茶勺、茶漏。

2. 炒色。锅热后，幼儿用茶勺把红茶和白砂糖放入干锅中，小火炒出至焦糖色，微微冒泡即可。

3. 搅拌。幼儿可分工合作，往锅中放入500mL牛奶，中小火煮3分钟，并不断搅拌。

冬
dong

4. 过滤。教师用茶漏过滤掉茶叶，等待奶茶降温，便可饮用。

5. 幼儿分杯品尝，奶香浓郁，茶香弥漫，细品醇香。

【延伸与分享】

开展奶茶品鉴活动，增加活动的趣味性。

◎ 客来敬茶·茶礼仪——无柄杯翻杯手法

右手的虎口向下，反手握住面前茶杯的左侧下部，左手置于右手手腕上方，用大拇指和虎口部位轻托茶杯的右侧下部，双手同时翻杯，再将其轻轻放下。

时光印痕
相遇二十四节气

大雪已至 冬意渐浓

大雪

时光印痕
相遇二十四节气

传说故事

寒号鸟

秋风过后,树上的叶子落光了,冬天快要到了。

天气晴朗,喜鹊开始忙着做窝,准备过冬。寒号鸟却天天出去玩,玩累了就睡大觉。喜鹊劝说道:"寒号鸟,冬天快要到了,赶快做窝吧。"寒号鸟不听,嘲笑喜鹊说:
"傻喜鹊,天气这么好,不睡觉太可惜了!"冬天到了,寒风呼呼地刮着。寒号鸟冻得直打哆嗦,不停地叫着:"太冷了,太冷了,我明天一定做一个暖和的窝。"第二天,风停了,太阳暖暖的。寒号鸟早把做窝的事忘得一干二净,依旧出去玩,玩累了睡大觉。寒冬腊月,大雪纷飞,北风狂吼。寒号鸟哀号着:"太冷了,太冷了,我明天一定做一个暖和的窝。"天亮了,太阳出来了。可是,寒号鸟已经在夜里冻死了。

冬
dong

大雪是冬季的第三个节气，二十四节气中的第二十一个节气。交节时间在每年公历12月6日至8日，太阳黄经达255°。

大雪是指降雪的可能性越来越大，天气也更冷。到了大雪这个节气，人们会制作美食。每家每户都会腌制美味腊肉来迎接新年的到来。

◎ 三候

一候鹖鴠不鸣：天气寒冷，寒号鸟也不再鸣叫了。

二候虎始交：此时阴气最盛，所谓盛极而衰，阳气已有所萌动，老虎开始有求偶行为。

三候荔挺出："荔挺"为马兰草，即马兰花，据说也能感受到阳气的萌动而抽出新芽。

227

时光印痕
相遇二十四节气

◎ 习俗

腌肉:"小雪腌菜,大雪腌肉",大雪节气一到,家家户户忙着腌制"咸货"。

观赏封河:到了大雪节气,河里的冰都冻住了,人们可以尽情地滑冰嬉戏。

喝红薯粥:天冷不再串门,在家喝暖乎乎的红薯粥度日。

◎ 活动一:吹墨梅花

【活动领域】

艺术

【活动目标】

1. 通过对吹墨作品的欣赏,了解不同的表现形式,从而让幼儿有选择地进行创作。

2. 体验吹墨的乐趣,陶冶审美情操。

【活动过程】

1. 准备水粉颜料、墨水、纸盘、水笔、棉棒等材料。

2. 在初步认识点的基础上,让幼儿体验墨线的变化,采用吹墨的形式,添加墨点、墨色进行装饰。

3. 用墨水吹出梅花的枝干，点染出生动的梅花，再用墨笔描绘出梅花绽放的景象。

4. 通过墨笔描绘，感受生活中美的事物。

【延伸与分享】

1. 和朋友分享自己的作品，说一说自己的想法。

2. 用梅花图装饰活动室，讲一讲自己的创意梅花小故事。

◎ 活动二：神奇的扎染

【活动领域】

艺术

【活动目标】

1. 通过欣赏扎染作品，了解扎染过程，激发幼儿动手操作的兴趣。

2. 感知扎染与图案之间的关系，感受扎染艺术的魅力，激发幼儿艺术表现能力。

【活动过程】

1. 准备棉白布、线、绳子、染料、一次性手套等材料。

2. 初步了解民族工艺——扎染。

3. 一起动手体验，进行不同形式的扎染，并上色。静置一段时间后，浸泡洗净，再将布料风干。

4. 将作品悬挂在绳子上，感受扎染的乐趣。

【延伸与分享】

1. 将作品带回家，与家人分享扎染的乐趣。

2. 探索不同颜色混合产生颜色变化的奥秘。

◎ 活动三：巧腌腊肉

【活动领域】

健康

【活动目标】

1. 了解腊肉的来历和习俗，感受节气氛围。

2. 通过动手制作，感受制作腊肉带来的喜悦。

【活动过程】

1. 准备五花肉、花椒、酱油、料酒、盐、大葱、生姜等材料。

2. 让幼儿了解、认识各种粗粮的名称，感知它们的外形和营养价值。

3. 腌制腊肉：把盐均匀地撒到肉上，教师指导幼儿给肉进行"按摩"，并放入酱油、料酒等材料进行腌制，一周后品尝。

4. 能积极主动地参与主题活动的环境布置和材料收集，在集体活动中感受腌肉带来的快乐。

【延伸与分享】

1. 品尝腊肉，和朋友说一说腊肉的味道。

2. 用不同材料画出腊肉的制作过程。

◎ 诗词推荐

墨 梅

〔元〕王冕

我家洗砚池头树，朵朵花开淡墨痕。

不要人夸好颜色，只留清气满乾坤。

推荐理由：大雪纷纷扬扬，大地银装素裹。大雪后洗砚池头的梅花朵朵绽放、芬芳馥郁，幼儿跟着教师一起闻一闻、看一看，感受冬日里梅花与众不同的美。

◎ 绘本推荐

《下雪天》

推荐理由：关于雪的活动无一不吸引着幼儿，故事中的小主人公皮特发现昨天夜里下了雪，兴奋地跑到雪地里。皮特跑到雪地里干什么了呢？跟随绘本，和皮特一起寻找"下雪天"的秘密。

◎ 活动示例

【活动领域】

艺术、语言

【活动目标】

1. 欣赏古诗《墨梅》，感受大雪中梅花的美，激发幼儿热爱大自然的情感。

2. 阅读绘本《下雪天》，简单了解大雪节气的由来，回想下雪时的一些景象，感受皮特玩雪时的陶醉和投入。

3. 感受大雪节气的美，培养幼儿对冬天的喜爱之情。

【活动过程】

1. 准备画笔、颜料、画纸等材料。

2. 用多种方式（绘画、吹画等）将梅花展现出来，并将自己在

冬
dong

古诗中感知到的大雪的景象展现出来。

3. 愿意跟随音乐做手指律动,从古诗中感受梅花的品质。

4. 通过阅读绘本故事《下雪天》,感受皮特童年雪世界里的快乐。

【延伸与分享】

1. 鼓励幼儿相互分享自己的作品与想法。

2. 带领幼儿走进大自然,感受冬日的景象。

冬日的一场雪悄然落下,教师带领幼儿在室外观察大雪中依然独自盛开的梅花,幼儿用画笔描绘出了大雪的景色。画中朵朵开放的梅花都是由淡淡的墨汁点染而成,小溪边的梅花在枝头跳舞,像在欢迎着大雪的到来。幼儿畅游大雪时节,对冬天的好奇也慢慢被唤醒。

◎ 大雪·茶品推荐——橘桂姜茶

大雪节气,天气越来越寒冷,橘桂姜茶便是"去寒就温"之佳品。此茶茶性温和，可以经常饮用，有利于治疗感冒、咳嗽。

◎ 茶语时光·体验——橘桂姜茶

【活动领域】

社会、科学、健康

【活动目标】

1. 初步认识橘皮、桂皮和生姜，了解它们基本的功效。

2. 培养幼儿的观察能力和动手操作能力。

【活动过程】

1. 教师提前准备好橘皮15g、桂皮15g、生姜15g、冰糖10g、100℃沸水、茶壶、茶杯、茶筷。

2. 切丝。冲泡前，幼儿先将生姜表面的泥土洗净、去皮，在教师的帮助下切成细丝状。

3. 泡茶。幼儿可分工合作，用茶筷将橘皮、桂皮、姜丝依次放入茶壶中。此时教师往茶壶中注入沸水冲泡，浸润茶叶，幼儿加入适量冰糖，放置焖泡10分钟。

◎ 客来敬茶·茶礼仪——握杯手法之温杯法

温杯时用提汤壶（或茶盅）向杯内低斟注入开水。用右手大拇指、食指和中指端起一只茶杯，将水缓慢倒入邻近的一只杯中。杯中水沥尽后复位，依次取另一茶杯再温，直到最后一只茶杯。

冬至

冬至寒意浓

传说故事

好吃的馄饨

相传汉朝的时候，浑氏和屯氏是匈奴人的两个首领。他们十分凶残，虽然身处北方，但是经常会骚扰汉朝的边境。汉朝的百姓十分痛恨他们，于是便在冬至这天用面皮包成角的形状，里边放上肉馅，给它取名叫作"馄饨"。馄饨是"浑"和"屯"的谐音，老百姓把馄饨煮着吃，寓意早日平息战乱，过上太平日子。

从此以后，馄饨的做法便流传开来。现如今，馄饨变成了一种美食，每到冬至的时候人们都会包馄饨吃，民间也有"冬至馄饨夏至面"的说法。

时光印痕
相遇二十四节气

冬至是冬季的第四个节气，二十四节气中的第二十二个节气。交节时间在每年公历12月22日前后，太阳黄经达270°。冬至这天，北半球白昼时间最短，黑夜时间最长。

冬至，又被称作亚岁、冬节、长至节等，北方有"冬至馄饨夏至面"的说法，南方则是在冬至这天吃汤圆、南瓜饼等。

◎ 三候

一候蚯蚓结：到了冬至，阳气生长，但阴气还是强盛，所以土中的蚯蚓仍蜷缩身体。

二候麋鹿解：麋鹿感到阴气渐渐消退而解角。

三候水泉动：冬至时节阳气渐渐生长，所以此时山中的泉水受到阳气的引发喷涌出来。

冬
dong

◎ 习俗

开始数九：从每年冬至日开始算起。冬至是一九头，每九天数一九，共九九八十一天。数完了，春天就来了。

北吃饺子，南吃汤圆：在北方，冬至多吃饺子。在江南，冬至盛行吃汤圆，又叫"冬至团"。

◎ 活动一：包饺子

【活动领域】

健康

【活动目标】

1. 了解包饺子的过程，学会包饺子。

2. 幼儿体验包饺子的乐趣，感受劳动和合作的快乐。

【活动过程】

1. 准备好面粉、水、肉馅、盐、蔬菜、酱油等材料，幼儿清洗蔬菜，教师切菜，再指导幼儿搅拌、调味。

2. 幼儿学习包饺子：在干净的盆内倒入适量面粉，然后分次加入水和成面絮，揉成面团，醒发20分钟，将面团切成等分小块，用擀面杖擀制成饺子皮；取一个饺子皮放在手中，取些馅放中间，对折捏一捏，香喷喷的饺子做好了。

3. 幼儿感受幸福"食光"，和朋友一起品尝自己制作的美食。

【延伸与分享】

1. 创意饺子制作，大胆表达饺子的制作过程。

2. 探讨中国传统文化习俗，知道饺子所承载的文化意义。

◎ 活动二：制作糯米饭

【活动领域】

健康

【活动目标】

1. 了解制作糯米饭的过程，学会制作糯米饭。

2. 幼儿体验制作糯米饭的乐趣，品尝美食带来的快乐。

【活动过程】

1. 准备糯米、香菇、火腿、玉米、胡萝卜等食材。幼儿将蔬菜清洗干净，在教师的帮助下把蔬菜切成小丁备用。

2. 学习制作糯米饭：将准备好的蔬菜放到糯米中，搅拌均匀。放在蒸笼里铺平，盖上盖子蒸40分钟，软糯的糯米饭就做好了。

3. 和好朋友一起品尝自己动手参与制作的美食，给自己的小身体补充满满的能量。

【延伸与分享】

1. 大胆表达，分享糯米饭的制作过程。

2. 回家后，还可以和爸爸妈妈一起制作、品尝糯米饭。

◎ 诗词推荐

江 雪

〔唐〕柳宗元

千山鸟飞绝，万径人踪灭。

孤舟蓑笠翁，独钓寒江雪。

推荐理由：冬至就意味着进入严冬了，寒风呼呼地吹，一只小鸟的影子也看不见，只有一个孤零零的老爷爷坐在被积雪覆盖的江面上钓鱼。远距离画面的描写会带给幼儿什么想象呢？冬天的我们又会干什么呢？跟随诗人一同走进冬天吧！

时光印痕

相遇二十四节气

◎ **绘本推荐**

《冬至节》

推荐理由：冬至到啦，家家户户都吃饺子，到处充满了温暖的味道。小朋友们，你们知道为什么冬至要吃饺子吗？快让我们跟随小晏阳和爷爷，一起探索冬至吃饺子的秘密吧！

◎ **活动示例**

【活动领域】

艺术、语言

【活动目标】

1. 欣赏、诵读古诗《江雪》，跟随律动进行古诗新唱，在童音童语中体会古诗的韵律美。

2. 阅读绘本《冬至节》，了解冬至吃饺子的由来，感受冬至饺子的香甜。

3. 欣赏冬日寒冷萧瑟的景象，体会冬至节气亲人相聚的美好时刻。

4. 通过阅读绘本《冬至节》，感受一家人团圆的温情时刻。

【延伸与分享】

1. 与幼儿一起探寻冬至吃饺子的秘密，并讲给爸爸妈妈听。

2. 愿意用诗配画的形式描绘冬日垂钓的场景，并向小朋友大胆表达自己的感受。

大雪覆盖了江面，清冷的江面上只有一位孤零零的老爷爷坐在

冬
dong

船上钓鱼,老爷爷钓到鱼了吗?幼儿带着疑问与好奇走进古诗,用神奇的画笔描绘他们所感知到的古诗场景,从他们的画中我们感受到了冬日的萧瑟寒冷,还有老渔翁的清高孤傲。

◎ 冬至·茶品推荐——红枣姜茶

冬至虽寒,但有红枣姜茶相伴。枣茶暖胃补血,姜茶治痢祛寒,两者共同煮茶饮用,不仅可以缓解风寒,还可以健脾养胃。

◎ 茶语时光·体验——红枣姜茶

【活动领域】

社会、科学、语言

【活动目标】

1. 感知冬至的气温变化，了解红枣姜茶的制作材料、功效和制作过程。

2. 幼儿能够仔细观察材料在煮茶前后的变化。

3. 初步尝试制作红枣姜茶，体验制茶的乐趣。

【活动过程】

1. 教师提前准备红糖200g、红枣150g、生姜150g、枸杞25g、清水500mL、少许面粉、茶壶、茶杯、取茶工具。

2. 洗净晾干。幼儿在盆中放少许面粉，加入清水搅匀，然后把整块生姜放进去泡洗10分钟，可以有效地去除生姜表面的污垢。洗净后生姜不要去皮，连皮一起切成片备用。将红枣洗干净后，掰成两半备用。

3. 煮茶。幼儿依次将红枣和姜片冷水下锅，煮开后转中火再煮10分钟。教师将煮好的红枣姜片水倒入茶壶中，加入枸杞和红糖，继续焖泡。

4. 幼儿尽情品尝和体验煮茶的乐趣。

【延伸与分享】

幼儿品尝红枣姜茶，并大胆地说出红枣姜茶的味道。

◎ 客来敬茶·茶礼仪——握杯手法之盖碗法

盖碗握杯手法有两种：三指法、抓碗法。

三指法：把食指放在茶杯盖顶端，大拇指和中指抓住碗沿的两侧，无名指和小指弯曲，并拢在中指边上，与盖碗不接触，这样拿起茶杯即可。

抓碗法：用大拇指按住茶杯盖顶端，其他手指贴住盖碗的底部，一只手掌便可抓住盖碗。

小寒

风吟寒雪舞天

传说故事

腊八节的故事

古时候有一户人家特别勤劳，但是儿子和儿媳特别懒惰。父母不止一次告诉他们勤劳才有好日子过，但他们总是不知悔改。父母去世后，儿子和儿媳仍旧每天在屋里睡懒觉，很快钱用完了，粮食也见底了。腊月初八这一天，两个人睡到中午才起床，打开米缸一看，什么也没有了。两个人面面相觑，在屋里找了很久，什么吃的也没有找到。腊八时节，天气寒冷，他们实在饿得难受，于是便放声大哭。

邻居听到他俩的哭声，内心不忍，拿来了江米、黄米等粮食给他们凑了一锅杂粥。夫妻两人感激地说："谢谢大家，我们以后一定干活挣钱，再也不偷懒了。"从此以后，两个人勤劳节俭，生活越来越富裕。后来在腊八这一天吃腊八粥便成了民间习俗，大家都希望吃下这碗粥，日子可以越过越好。

时光印痕
相遇二十四节气

小寒是冬季的第五个节气，二十四节气中的第二十三个节气。交节时间在每年公历1月5日至7日，太阳黄经达285°。

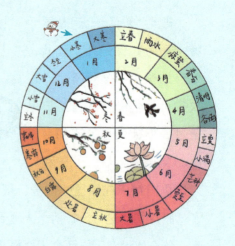

小寒节气的到来代表着即将进入一年当中最寒冷的日子，谚语"小寒时处二三九，天寒地冻冷到抖"就可以说明小寒的寒冷。

小寒时节，人们有吃糯米饭、喝腊八粥的习俗，同时在民间有"冬练三九"的说法，意味着小寒是锻炼身体、增强体质的大好时机。

◎ **三候**

一候雁北乡：大雁是顺阴阳而迁移，感受到北方的阳气就向北迁移。

二候鹊始巢：寒冬到了，喜鹊开始衔草筑巢，哺育后代。

冬
dong

三候雉始雊：雉感到阳气而鸣叫，是为求偶，也为迎春。

◎ 习俗

吃腊八粥：腊八粥为甘温之品，有调脾胃等功效。

吃黄芽菜：将白菜割去茎叶，只留菜心，密封半月，用来弥补冬日蔬菜的匮乏。

吃糯米饭："小寒大寒无风自寒"，小寒、大寒早上吃糯米饭驱寒是广州传统习俗。

◎ 活动一：盐蒸橙子

【活动领域】

健康

【活动目标】

1. 尝试自己动手制作盐蒸橙子。

2. 了解盐蒸橙子的功效，知道橙子有止咳的作用，对食疗产生探究兴趣。

【活动过程】

1. 准备橙子、盐、蒸锅、勺子等材料。

2. 先将橙子一端的皮切除,在橙子里放入一勺盐,用筷子戳橙子,使盐渗透在里面,然后放到蒸锅里,盖上盖子蒸20分钟即可。

3. 了解盐蒸橙子的功效。

4. 和同伴一起品尝蒸好的橙子。

【延伸与分享】

1. 画一画制作盐蒸橙子的过程。

2. 回家和爸爸妈妈分享盐蒸橙子的功效,并一起动手制作。

◎ 活动二:静电小实验

【活动领域】

科学

【活动目标】

1. 能用自己喜欢的方式记录自己的发现,并对摩擦起电产生兴趣。

2. 体验与同伴合作带来的快乐和成就感。

【活动过程】

1. 准备气球、卡纸碎屑、吸管、毛线等材料。

2. 将卡纸碎屑放进盘子里,用气球与头发摩擦3分钟左右,将气

冬
dong

球放进盘子，观察气球将盘中的碎屑吸起来的现象。

3. 鼓励幼儿用吸管、毛线等其他物体探索静电的现象。

4. 用自己喜欢的方式记录自己发现的现象。

【延伸与分享】

1. 和同伴相互分享自己的记录表及探索发现。

2. 分享生活中遇到的其他摩擦起电的现象。

诗情绘意

◎ 诗词推荐

山中雪后

〔清〕郑板桥

晨起开门雪满山，雪晴云淡日光寒。

檐流未滴梅花冻，一种清孤不等闲。

时光印痕
相遇二十四节气

推荐理由：这是一首关于小寒节气的古诗。早晨起床打开门，满山的雪、初升的太阳、未解冻的梅映入眼帘，多么漂亮的风景啊！通过诵读古诗，幼儿在脑海中想象出一幅美丽的冬日山居雪景图，冬天的寒冷依然抵挡不住我们欣赏梅花迎寒绽放的景象，希望孩子们也像冬日的梅花一样清高、坚韧。

◎ 绘本推荐

《小寒》

推荐理由：雪后初晴，每一缕空气都渗透着清凉；天寒地冻，每一处房檐都凝结着寒冰。小寒时节，鼹鼠奶奶邀请大家到家里做客，鼹鼠爷爷带来了一束漂亮的蜡梅花，要奖励给诚实的孩子，让我们走进故事一探究竟吧！

◎ 活动示例

【活动领域】

艺术、语言

【活动目标】

1. 愿意用自己喜欢的方式诵读古诗，欣赏冬日雪后美丽的景象。

2. 阅读绘本《小寒》，加深对小寒节气的印象，学做一个诚实勇敢的宝宝。

3. 感受冬日别样的风景，培养幼儿坚强、不怕困难的精神。

冬
dong

【活动过程】

1. 跟随律动朗诵古诗《山中雪后》，感受古诗中的冬日美景。

2. 愿意用古诗新唱的形式学习古诗，边唱边表演，感受古诗的韵律节奏。

3. 感受冬天的寒冷，在阳光正好的日子带领幼儿欣赏冬日寒梅的坚韧。

【延伸与分享】

1. 鼓励幼儿将古诗内容以绘画的形式表现出来。

2. 小寒时节，落雪纷飞，一起和爸爸妈妈堆个雪人吧！

雪花飘呀飘，落在幼儿的画笔里，看，可爱的雪宝宝，美丽的雪房子……小寒时节的雪地里，充满了孩子们的欢声笑语。幼儿以画笔为媒，绘制出一幅幅美丽的冬日雪景图，带我们领略冬天的千姿百态。

时光印痕
相遇二十四节气

◎ 小寒·茶品推荐——山楂荷叶茶

　　山楂、荷叶搭配可以止咳化痰、健脾开胃。小寒时节，冬藏始至，一杯醇厚酸甜的山楂荷叶茶温暖了冬季的寒冷。

◎ 茶语时光·体验——品茶点

【活动领域】

社会、语言、健康

【活动目标】

　　1. 初步感知茶点的特征，乐于用语言进行表达。

　　2. 初步尝试泡茶，知道泡茶的用水量和安全注意事项，体验成功的喜悦。

冬
dong

【活动过程】

1. 教师提前准备好糕点和泡好的山楂荷叶茶。

2. 细品糕香。幼儿观察糕点的外观,掰下一点糕点在嘴中抿开,慢慢品尝,感受糕点的美味。

3. 闻香品茗。幼儿先闻茶香,再品滋味。小口啜饮茶汤,让茶汤在口腔中停留几秒,感受茶汤的回味甘甜,再滑入喉咙咽下。

4. 幼儿伴着茶香,品茶尝糕。

【延伸与分享】

幼儿分享茶的种类,并能说出茶的颜色和味道,还能知道与哪种糕点相配。

◎ 客来敬茶·茶礼仪——握杯手法之温壶法

用左手大拇指、食指和中指揭开壶盖,右手提壶,按逆时针方向低斟,使水流顺茶壶口冲进;双手按逆时针方向转动茶壶,使其充分接触开水,最后把水倒进水盂。

时光印痕

相遇二十四节气

已是大寒　春风可期

大寒

传说故事

八宝饭的由来

传说,宋朝有位将军在一场战争中打了败仗,无奈之下,只好脱掉身上的盔甲,换上老百姓的布衣,悄悄往回走。因为害怕有追兵,他不敢走官道,专门走人迹罕至的小道。当时正值大寒时节,风雪交加,他又冷又饿,晕倒在一座破庙里。他在蒙眬中感到耳朵一阵疼痛,醒来发现是一只老鼠正在咬他的耳朵。将军看到老鼠欺负自己,又气又恨,立即追打老鼠,并趁机掘开老鼠的洞穴。他在洞中发现了大米、小米、红枣、莲子等八样粮食。已经几天没吃饭的他非常高兴,立即找出一个香炉做起饭来,就是因为这一香炉饭,他活了下来。从此以后,这位将军每年都会在大寒节气用这八种粮食做饭吃,后来流传到民间,就成了现在的八宝饭。

冬
dong

大寒是冬季的第六个节气,二十四节气中的最后一个节气。交节时间在每年公历1月20日至21日,太阳黄经达到300°。

大寒,是二十四节气之末,冬天的末尾,这时最寒冷的天气已经到来,寒冷的程度达到了极致。

大寒已来,新春将至。这个时候是农历的新春时节,新的一年马上来临,人们在寒冷的冬天感受新年的氛围。

◎ **三候**

一候鸡乳:歇冬的母鸡开始产蛋,可以孵小鸡了。

二候征鸟厉疾:鹰隼凌空盘旋,捕食更猛烈。

三候水泽腹坚:湖面中央会结起坚硬的冰层。

时光印痕
相遇二十四节气

◎ 习俗

糊窗:"糊窗户,换吉祥",剪一些吉祥图案贴在窗户上,故又称"贴窗花"。

除尘:"除尘"就是大扫除。腊月二十三或二十四,家家户户清理打扫,以迎接新年的到来。

◎ 活动一:制作五彩面

【活动领域】

健康

【活动目标】

1. 巩固学习已认识的常见蔬菜。

2. 观察彩色面条的制作过程,尝试自制面条,体验劳动成功的喜悦。

【活动过程】

1. 教师准备菠菜、面粉、胡萝卜、紫薯、南瓜等食材和榨汁机等工具,幼儿先将蔬菜清洗干净备用。

2. 将洗干净的蔬菜放进榨汁机里,加定量的水将其打碎成泥。取适量面粉放入干净的盆中,倒入蔬菜泥,用手或筷子顺时针方向搅拌，搅拌好开始揉面，将揉好的面团放进面条机内，做出不同色彩的五彩面条。

3. 将做好的面条放到锅里，煮一锅五彩面条，幼儿盛上一碗，亲自品尝自己的成果。

【延伸与分享】

1. 画一画制作五彩面条的过程。

2. 说一说还可以用哪种蔬菜制作面条。

◎ 活动二：橘子皮"变变变"

【活动领域】

艺术

【活动目标】

1. 能运用剪、拼贴、画等方式对橘子皮进行大胆创作。

2. 体验橘子皮变形活动的乐趣。

【活动过程】

1. 准备橘子皮、卡纸、胶带、马克笔等材料，引导幼儿观察橘子，欣赏橘子手工作品。

2. 利用橘子皮等材料进行创作。比如可以将橘子皮剪成花瓣形状粘贴在卡纸上，并在卡纸上画上装饰画等。

3. 幼儿投票选出自己最喜欢的手工作品，并说出喜欢它的理由，进一步体验橘子皮变身艺术作品的快乐。

【延伸与分享】

1. 说一说橘子皮的其他作用。

2. 将幼儿的作品展示在活动室内，体会橘子皮变身的艺术感。

◎ 诗词推荐

逢雪宿芙蓉山主人

〔唐〕刘长卿

日暮苍山远，天寒白屋贫。

柴门闻犬吠，风雪夜归人。

冬
dong

推荐理由：这是一首关于大寒节气的古诗。这是一首诗，也是一幅画。天渐渐地黑了，风雪吹在夜晚才赶回家的人身上，屋外传来犬吠声，是谁人到来？通过"风雪夜归人"这一景象，幼儿能否体会到劳动者的辛苦，珍惜现在的生活呢？

◎ 绘本推荐

《大寒》

推荐理由：贝儿和爸爸妈妈在大寒节气去雪乡哈尔滨游玩，他们去看雪、滑冰、赏冰雕、吃美食等。小朋友们一定也想去雪乡看看吧，让我们跟随贝儿一起去欣赏雪乡的美景。

◎ 活动示例

【活动领域】

艺术、语言

【活动目标】

1. 欣赏、诵读古诗，感受冬日萧瑟的场景，体会雪夜在外漂泊的人们的孤独。

2. 阅读绘本《大寒》，知道冬日哈尔滨的生活也是丰富多彩的。

3. 感受祖国的辽阔壮美，培养幼儿热爱祖国的情感。

【活动过程】

1. 欣赏并朗诵古诗《逢雪宿芙蓉山主人》，了解古诗内容，感知雪夜归家的不易。

2. 愿意用手指操、古诗新唱等不同的形式表现古诗，理解劳动者的辛苦。

3. 阅读绘本《大寒》，带领幼儿走进冰天雪地的世界，打雪仗、堆雪人，感受冬日与众不同的美。

【延伸与分享】

1. 通过亲子共读的方式让幼儿进一步理解古诗内容，并和爸爸妈妈一起画一画对古诗的理解。

2. 带领幼儿欣赏冬日雪景，感受冬天不一样的美。

暮色降临，天空还刮着风，下着雪，夜归人走了好久的路才到家，幼儿画出了夜归人回家的不易，他冒雪回家充分表现出了他对家的渴望，我们由诗联系生活实际，让幼儿也体会爸爸妈妈的辛苦。

◎ 大寒·茶品推荐——萝卜茶

萝卜茶能补气、清肺、化痰、祛湿。大寒时节，天气寒冷，小

冬
dong

朋友们易咳嗽，萝卜茶是一种可以缓解咳嗽的养生茶，所以，快动手烹煮一壶萝卜茶，来润一润自己的嗓子吧！

◎ 茶语时光·体验——萝卜茶

【活动领域】

社会、语言、健康

【活动目标】

1. 探索大寒节气吃萝卜的原因，并乐于大胆分享。

2. 幼儿喜欢动手操作，并感受制作萝卜茶带来的乐趣。

3. 在活动中提高幼儿的合作精神。

【活动过程】

1. 教师提前准备好萝卜150g、食盐5g、绿茶15g、清水500mL、茶壶、茶杯、取茶工具。

2. 洗净晾干。幼儿将萝卜洗净，在教师的指导下去皮切成细丝，晾干备用。

3. 煮茶。幼儿将萝卜丝放入茶壶，加入准备好的食盐，再把茶放入茶具,倒入500mL清水,加热至沸腾,关火继续焖泡3分钟,即可饮用。

4. 幼儿与同伴分享萝卜茶,品萝卜茶独特的茶味。

【延伸与分享】

幼儿分成小组讨论萝卜的多种吃法,并用语言表述出来。

◎ 客来敬茶·茶礼仪——品茶

泡一杯清茶,目视茶色,鼻闻茶香,口尝茶味。缓缓入口,在舌尖上轻轻一转,带着一种清香入喉,让人清心悦神。

二十四节气歌

春雨惊春清谷天,夏满芒夏暑相连。

秋处露秋寒霜降,冬雪雪冬小大寒。

致 谢

　　四季的流转,既是自然的,也是文化的。

　　在《时光印痕——相遇二十四节气》书籍的出版过程中,感谢董姝含、刘雨裕两位老师为本书绘制的原创插画,同时也感谢临沂市河东区九曲街道中心幼儿园所有老师在节气活动中做出的努力和支持。

　　愿我们在二十四节气的周而复始、生生不息中,获得更多大自然生长的力量,拥抱更多的喜悦。